大学物理实验学习指南与重难点解析

刘 辉　牟其伍　李巧梅　等编著
韩　忠　主审

重庆大学出版社

内容提要

全书共分为 19 个部分,其中有如何学好大学物理实验课程,实验误差及处理、试卷解析和 15 个实验。全书突出内容、原理指导与难题解析这个主题,每个实验都有背景知识、重点、难点解析例题、填空题、选择题或计算题、设计题并逐个作了解答。本书中所有重点、难点、习题都是老师们经过长期的实验教学凝练出来的,具有很强的针对性和指导意义。有些内容还考虑到各大类专业知识衔接与应用,考虑到学生毕业后工作实践的需求,因此,此书对从事物理实验教学的老师和工程技术人员也有参考、借鉴意义。

图书在版编目(CIP)数据

大学物理实验学习指南与重难点解析/刘辉等编著.
—重庆:重庆大学出版社,2016.8
高等学校实验课系列教材
ISBN 978-7-5624-9713-4

Ⅰ.①大… Ⅱ.①刘… Ⅲ.①物理学—实验—高等学
校—教学参考资料 Ⅳ.①O4-33

中国版本图书馆 CIP 数据核字(2016)第 130635 号

大学物理实验学习指南与重难点解析

刘 辉 牟其伍 李巧梅 等编著
韩 忠 主 审
策划编辑:杨粮菊
责任编辑:陈 力 版式设计:杨粮菊
责任校对:秦巴达 责任印制:赵 晟
*
重庆大学出版社出版发行
出版人:易树平
社址:重庆市沙坪坝区大学城西路 21 号
邮编:401331
电话:(023) 88617190 88617185(中小学)
传真:(023) 88617186 88617166
网址:http://www.cqup.com.cn
邮箱:fxk@ cqup.com.cn(营销中心)
全国新华书店经销
重庆学林建达印务有限公司印刷
*
开本:787mm×1092mm 1/16 印张:13.25 字数:314千
2016 年 8 月第 1 版 2016 年 8 月第 1 次印刷
印数:1—3 000
ISBN 978-7-5624-9713-4 定价:30.00 元

大学物理实验学习指导与题解编委

（以姓氏笔画为序）

叶　青	牟其伍	许世杰	刘　辉	刘燕玲	刘高斌
李巧梅	韩　忠	向　黎	向　红	何光宏	吴世春
吴晓波	吴　芳	汪　涛	陈　莹	赵　艳	赵及则
韩　忠	彭　华				

前 言

　　近年来出版的大学物理实验教材种类繁多，但是能引导学生自学和具有一定指导意义的实验教材却不多见。学生们在有限的时间内匆忙地完成一个实验项目，对实验中涉及的理论深度、历史背景和应用前景了解甚少；对实验中的重点不清晰，难点无从解答。针对这种情况，本书与学生所要完成的实验项目一一对应，对每个实验项目，通过对重点、难点举例并进行解析，精选提炼出具有一定深度、难度的习题，进行填空、选择、设计、操作、计算练习、解答。其内容广泛、深入、针对性强，对学生在学习和实验中遇到的疑难问题逐一进行解答，使学生获得事半功倍的效果。

　　本书再版增加了许多新的内容，比如：每个实验项目中，在实验背景、实验原理、实验操作、重难点等知识模块中增添了从大量资料中精选出来的图，对学生提高物理实验课的兴趣，开阔学习视野和创新能力的培养有很大的益处；改编还增加了科学处理实验数据的作图新方法，使学生具备了利用现代科学手段处理实验数据的能力，系统地给出了预习报告、实验报告、操作考试、模拟试卷整套"实战"练习，使学生的能力得到多方面的提升。本书第一版（2013 年 2 月）已经过 3 年的应用，除重庆大学本校采用外，还辐射到西南、西北等地区，受到广大师生的好评！可以预计，经过这次修改，将会使更多的学生和从从事大学物理实验教学的教师更好地受益。

　　本书是 20 余位老师经数年的实验教学（理论知识和教学经验）的凝结，经过多届学生使用修改而成的。它不仅可为各理工科学生提供学习指导，也可为各院校从事大学物理实验教学的教师们提供借鉴与参考。

目录

1

如何学好大学物理实验课程

(1)课程的重要性

物理学经历了几百年的发展历史,对人类文明史的发展作出了巨大的贡献。从牛顿力学的建立与完善到人类诞生出第一台蒸汽机;从麦克斯韦电磁理论的建立到电灯、电话、发电机、电动机的诞生;从玻尔的原子理论,爱因斯坦的狭义相对论、广义相对论的建立到核能的应用,新材料的迅猛发展,信息时代的到来,人类科技的发展因此经历了一个辉煌的历程。在这个过程中涌现出了一大批物理学家,如牛顿、麦克斯韦、居里夫人、爱因斯坦、玻尔、霍金等。

艾萨克·牛顿爵士(Sir Isaac Newton)是一位英格兰物理学家、数学家、天文学家、自然哲学家和炼金术士。在 1665 年,牛顿让一束太阳光透过三棱镜,结果阳光被分解成了赤、橙、黄、绿、青、蓝、紫七种颜色。这是一个重大发现,它证明普通的光是由七种颜色组成的。牛顿还用一个凸透镜将七色光合成了白光,更加证实了这一点。牛顿还进一步测定了不同颜色的光的折射率,从而发现了不同颜色光的折射角度按着赤、橙、黄、绿、青、蓝、紫的顺序加大,物质的色彩是由不同颜色的光在不同物体上有不同的折射率形成的。

图 1.1　艾萨克·牛顿

牛顿立即将上述发现运用到制造望远镜上,制成了不带颜色的折射望远镜,制造了世界上第一架反射望远镜,奠定了现代大型光学天文望远镜的基础。牛顿在 1687 年 7 月 5 日发表的《自然哲学的数学原理》(*Philosophiae Naturalis Principia Mathematica*)里提出的万有引力定律以及他的牛顿运动定律是经典力学的基石。牛顿还和莱布尼茨各自独立地发明了微积分。他总共留下了 50 多万字的炼金术手稿和 100 多万字的神学手稿。牛顿被誉为人类历史上伟大的科学家之一。他的万有引力定律在人类历史上第一次将天上的运动和地上的运动统一起来,为日心说提供了有力的理论支持,使得自然科学的研究最终挣脱了宗教的枷锁。

阿尔伯特·爱因斯坦(Albert Einstein)是著名的德国犹太裔理论物理学家、思想家及哲学家,因为对理论物理的贡献,特别是发现了"光电效应"而获得1921年诺贝尔物理学奖,是现代物理学的开创者、奠基人,相对论——"质能关系"的创立者,"决定论量子力学诠释"的捍卫者(振动的粒子)——上帝不掷骰子。他创立的代表现代科学的相对论,为核能开发奠定了理论基础,开创了现代科学新纪元。爱因斯坦被公认为是自伽利略、牛顿以来伟大的科学家、物理学家。1999年12月26日,爱因斯坦被美国《时代周刊》评选为"世纪伟人"。

图1.2

史蒂芬·威廉·霍金(Stephen William Hawking),1942年1月8日出生于英国牛津,英国剑桥大学应用数学与理论物理学系物理学家,著名物理学家、宇宙学家、数学家。霍金毕业于牛津大学、剑桥大学,1979—2009年任卢卡斯数学教授,后为荣誉卢卡斯数学教授(牛顿曾任此职)。霍金是继爱因斯坦之后杰出的理论物理学家和当代伟大的科学家,人类历史上伟大的人物之一,被誉为"宇宙之王"。他的代表作品有《时间简史》《果壳中的宇宙》《大设计》等,获得荣誉有总统自由勋章(2009年)、科普利奖(2006年)、沃尔夫物理奖(1988年)、爱因斯坦奖章(1978年)等。2015年7月20日,史蒂芬·霍金启动了人类历史上规模最大的外星智慧生命的搜索行动。该行动将通过扫描宇宙的方式进行搜寻,历时十年,并将耗费一亿美元。

在当今众多的著名物理学家中也不乏有中华血统的有影响的物理学家,如杨振宁、李政道、丁肇中等。丁肇中在1976年接受诺贝尔物理学奖时说:"自然科学的理论不能离开实验的基础,特别是物理学,它是从实验中产生的,我希望因为我这次得奖能够唤起发展中国家学生的兴趣而注意实验工作的价值"。

物理学是一门实验科学,没有实验的基础,没有实验对理论的证明,物理学的发展是不可思议的。物理实验课是一门量大面广的公共基础课,它以16余个实验项目为基本,涉及各个领域、各个层面向学生传授物理知识,从动手能力的培养、科学素质的培养到创新思维的建立,激发出学生强烈的好奇心和求知欲,为后续专业知识的学习打下了坚实的基础,为学生今后的深造、工作提供更多的知识、更好的技能与创新能力。

(2)任务

这门课要完成15个实验和误差理论知识,共计16次实验课,每次3学时,共计48学时。大家在学习的过程中,完成16个实验课的同时,要完成16份报告(含误差理论),在期中每个同学要接受一次操作考试,期末要完成一次笔试。

(3)学好大学物理实验的 4 个环节

1)预习

在做每一个实验前,大家通过在网上、图书馆查阅相关资料,认真阅读实验内容,弄清实验项目的目的、原理、要测试的实验数据,了解实验仪器的测试原理、使用方法及注意事项,做好将做实验的全部准备事项并写出预习报告,做到心中有数,掌握完成实验的主动性,达到事半功倍的效果,写出预习报告。

2)完成实验

进入实验室后,认真听取老师讲解,熟悉仪器及实验的操作步骤,仔细观察实验的现象,准确无误地按要求测试实验数据并将数据记录入表格之中。在进行实验的过程中,是培养大家动手能力,观察与思考能力的最佳时机,学生在这个过程中可能会迸发出新思维、新想法,在潜移默化中锻炼出创新能力,综合解决问题的能力。

3)完成实验报告

实验报告是对完成所做实验的总结,对实验数据进行处理,讨论并得出结论的重要环节,实验报告分为:实验目的、实验原理、数据记录、数据处理、结果讨论 5 大部分,不能缺失每个部分的内容。应在认真总结、思考、准确计算的基础上完成实验报告并附上原始实验数据记录和用 Excel 软件或者坐标纸画出的相关图像。在每次完成实验报告后,经老师批阅评定成绩后认真保存,课程结束后,共计 16 份报告,缺一不可,装订成册后上交老师,作为平时成绩的依据。实验报告的样本见附录。

4)复习与考试

①操作考试。在这门课程的学习期间将进行一次操作考试,检查学生的动手能力。
②笔试。实验考试是检查学生对这门课学习掌握情况的测试,学生们在考试复习期间,加深对每个实验的理解融会贯通。这对学生综合知识的学习,操作动手能力和处理问题的综合能力培养有极大的好处,学生会受益匪浅,收获感受颇多。

5)最终成绩构成

这门课学完后的成绩由 4 部分组成,即平时成绩(根据 16 次报告的评分)占 40%,操作考试占 10%,预习提问占 10%,笔试成绩占 40%,总计 100 分。

2

测量的不确定度和数据处理

(1) 实验背景

统计学家与测量学家一直在寻找合适的方法来正确表达测量的结果,譬如以前常用"误差"概念来表示测量结果。国内外对测量结果的表述、计算规则都不尽统一。在 1992 年国际计量大会上,由国际标准化组织(ISO)起草制定了具有国际指导性的《测量不确定度表示指南》(简称GUM),1993 年以 7 个国际组织的名义联合发布了这个指南,这些组织包括国际标准化组织(ISO)、国际电工委员会(IEC)、国际计量局(BIPM)、国际法制计量组织(OIML)、国际理论物理与应用物理联合会(IUPAP)、国际理论化学与应用化学联合会(IUPAC)等。我国计量标准部门随后也明确要求采用不确定度来表示测量结果,并在 JJF 1001—1998《通用计量术语及定义》中定义测量不确定度为:表征合理的赋予被测量之值的分散性,与测量结果相联系的参数。在测量结果的完整表示中,应该包括测量不确定度。测量不确定度用标准偏差表示时称为标准不确定度,如用说明了置信水准区间的半宽度表示方法则称为扩展不确定度。本书根据我国高校物理实验教学的实际情况讲述了测量不确定度的基本原理与具体应用。

物理实验离不开物理量的测量,由于测量仪器、测量方法、测量条件、测量人员等因素的限制,对一个物理量的测量不可能是无限精确的,即测量中的误差是不可避免的。没有测量误差知识,就不可能获得正确的测量值;不会计算测量结果的不确定度就不能正确表达和评价测量结果;不会处理数据或处理数据方法不当,就得不到正确的实验结果。由此可知不确定度和数据处理等基本知识在整个实验过程中占有非常重要的地位。

(2) 重点

i) 直接测量值的 A 类、B 类不确定度及合成不确定度的计算

①A 类不确定度是指可以用统计方法计算的不确定度分量,按贝塞尔法计算公式为:

$$\Delta_{\mathrm{A}} = t_p \cdot \sqrt{\frac{\sum_{i=1}^{K}(x_i - \bar{x})^2}{K(K-1)}} \qquad (2.1)$$

式中　t_p——修正因子；

　　　K——测量次数；

　　　$\bar{x}$——测量值 x_i 的算术平均值。

t_p 因子与测量次数 K 及置信概率 P 的关系见表 2.1。

表 2.1　t_p 与测量次数 K 及置信概率 P 的关系

t_p $\diagdown$ K P	3	4	5	6	7	8	9	10
0.68	1.32	1.20	1.14	1.11	1.09	1.08	1.07	1.06
0.95	4.30	3.18	2.78	2.57	2.45	2.36	2.31	2.26
0.99	5.84	4.60	4.03	3.71	3.50	3.36	3.25	3.17

②B 类不确定度是指用非统计方法获得的不确定度分量,在仅涉及仪器误差 $\Delta_{仪}$ 与估计误差 $\Delta_{估}$ 时,可以按下式计算:

$$\Delta_{\mathrm{B}} = \sqrt{\Delta_{仪}^2 + \Delta_{估}^2} \qquad (2.2)$$

③合成不确定度的计算公式为:

$$U_x = \sqrt{\Delta_{\mathrm{A}}^2 + \Delta_{\mathrm{B}}^2} \qquad (2.3)$$

④测量结果的完整表达:

$$x = (\bar{x} \pm U_x)\,单位 \qquad (P = 0.95) \qquad (2.4)$$

式中　$P = 0.95$,表示置信概率为 95%。

2)常用数据处理方法

①列表法。常用于数据记录及大量同样的数据计算时,其特点是简单明确地表示出物理量之间的对应关系,以便于及时检查结果,发现问题。列表的内容包括:表格的名称,物理量的代号及单位,测量的数据,数据要用测量值的有效数字。

②作图法。用 Excel 软件或者坐标纸上的曲线表示物理量之间对应的关系,其特点是直观地表示数据之间的关系;同时,可从图上利用内插法和外推法读出没有测量的点的数据。

作图的步骤及规则如下:

a. 作图可用 Excel 软件或者坐标纸。

b. 横轴为自变量,纵轴为因变量,轴上标明物理量的代号及单位。

c. 用有效数字整数定标。

d. 用 +、⊙、□ 等符号描点,不用圆点,不同曲线用不同符号。

e. 曲线分为趋势线和校正曲线,应注明其名称。

f. 写出图名及备注。

对于直线,需要求出直线的截距和斜率,截距可从图上直接读出,读取数据要按有效数字读出。求斜率时从直线上读取两点的坐标值计算得出斜率,注意取点不应使用直接测量得到的点,应从作出的直线上去取点。

③逐差法。自变量与因变量作等差变化的,可采用逐差法。逐差法计算简便,可充分利用已测数据对数据取平均,可减小系统误差和扩大测量范围。

逐差法的方法如下:测得数据 $x_1, x_2, x_3, \cdots, x_k$,共 k 个(偶数个),把这 $k = 2n$ 个数据分为两组,取两组数据对应项之差,再求平均,得相邻数据间距离的值为:

$$\bar{x} = \frac{1}{n \times n} [(x_{n+1} - x_1) + \cdots + (x_{2n} - x_n)] \tag{2.5}$$

④最小二乘法。最小二乘法能从一组等精度的测量值中确定其函数关系,其原理是:测量值的拟合曲线和各测量值之偏差的平方和为最小。

线性拟合方法如下:设两物理量之间存在函数关系 $y = mx + b$,测得数据为$(x_i, y_i, i = 1, 2, 3, \cdots, k)$

可以求得:

$$\left. \begin{aligned} m &= \frac{\bar{x} \cdot \bar{y} - \overline{xy}}{(\bar{x})^2 - \overline{x^2}} \\ b &= \bar{y} - m\bar{x} \end{aligned} \right\} \tag{2.6}$$

式中 $\bar{x} = \frac{1}{k} \sum_{i=1}^{k} x_i, \bar{y} = \frac{1}{k} \sum_{i=1}^{k} y_i, \overline{x^2} = \frac{1}{k} \sum_{i=1}^{k} x_i^2, \overline{xy} = \frac{1}{k} \sum_{i=1}^{k} x_i y_i$。

y 的标准误差:

$$\sigma_y = \sqrt{\frac{\sum_{i=1}^{k} (y_i - mx_i - b)^2}{k - 2}} \tag{2.7}$$

斜率 m 值的标准误差:

$$\sigma_m = \frac{\sigma_y}{\sqrt{k[\overline{x^2} - (\bar{x})^2]}} \tag{2.8}$$

截距 b 值的标准误差:

$$\sigma_b = \frac{\sqrt{\overline{x^2}}}{\sqrt{k[\overline{x^2} - (\bar{x})^2]}} \cdot \sigma_y \tag{2.9}$$

相关系数 γ 为:

$$\gamma = \frac{\overline{xy} - \bar{x} \cdot \bar{y}}{\sqrt{[\overline{x^2} - (\bar{x})^2] \cdot [\overline{y^2} - (\bar{y})^2]}} \tag{2.10}$$

(3) 难点

1) 间接测量值不确定度的计算及其结果的表示

①间接测量值的计算:

$$\overline{N} = f(\overline{x}, \overline{y}, \overline{z}, \cdots) \tag{2.11}$$

②间接测量值的不确定度。设 $U_x, U_y, U_z, \cdots$ 分别为 $x, y, z, \cdots$ 直接测量值的不确定度,则间接测量值的绝对不确定度为:

$$U_N = \sqrt{\left(\frac{\partial f}{\partial x}\right)^2 U_x^2 + \left(\frac{\partial f}{\partial y}\right)^2 U_y^2 + \left(\frac{\partial f}{\partial z}\right)^2 U_z^2 + \cdots} \tag{2.12}$$

间接测量值的相对不确定度为:

$$E_N = \frac{U_N}{N} = \sqrt{\left(\frac{\partial \ln f}{\partial x}\right)^2 U_x^2 + \left(\frac{\partial \ln f}{\partial y}\right)^2 U_y^2 + \left(\frac{\partial \ln f}{\partial z}\right)^2 U_z^2 + \cdots} \tag{2.13}$$

③间接测量值的完整表达式:

$$N = (\overline{N} \pm U_N) \text{单位} \quad (P = 0.95) \tag{2.14}$$

式中 $P = 0.95$,表示置信概率为95%。

2)不确定度均分原理

在不确定度进行分解时,将间接测量值的总不确定度均匀分配,如在式(2.12)中,如果仅有 x, y, z 这3个直接测量值,则将总量 U_N 均匀分配给 x, y, z。

(4)例题

例题1 用螺旋测微仪测量一钢珠直径,得到数据如下,已知仪器误差 $\Delta_\text{仪} = 0.004$ mm,求钢珠直径的测量结果,要求完整表达其结果(置信概率取95%)。

测量次数	1	2	3	4	5	6
直径 d/mm	3.302	3.304	3.301	3.302	3.301	3.300

解

①直径的算术平均值:

$$\overline{d} = \frac{\sum\limits_{i=1}^{6} d_i}{6} = 3.302 (\text{mm})$$

②直径的 A 类不确定度:根据 $P = 95\%$ 及测量次数 $n = 6$ 次,查出 $t_p = 2.57$:

$$\Delta_A = t_p \sqrt{\frac{\sum\limits_{i=1}^{n} (d_i - \overline{d})^2}{n(n-1)}} = 2.57 \times 0.00056 = 0.00143 (\text{mm}) \approx 0.0015 (\text{mm})$$

③直径的 B 类不确定度:

$$\Delta_B = \sqrt{\Delta_\text{仪}^2 + \Delta_\text{估}^2} = \sqrt{0.004^2 + 0.001^2} = 0.00412 (\text{mm}) \approx 0.0042 (\text{mm})$$

④直径的总不确定度:

$$U_d = \sqrt{\Delta_A^2 + \Delta_B^2} = \sqrt{0.0015^2 + 0.0042^2} = 0.0045 (\text{mm}) \approx 0.005 (\text{mm})$$

⑤测量结果 $d = \bar{d} \pm U_d = (3.302 \pm 0.005)\text{mm}$ （$P = 95\%$）

注：此题中不确定度的中间结果保留了 2 位有效数字，而最后结果保留了 1 位有效数字。

例题 2 测出一个铅圆柱体的直径 $d = (2.04 \pm 0.01)\text{cm}$，高度 $h = (14.20 \pm 0.02)\text{cm}$，质量 $m = (519.18 \pm 0.05) \times 10^{-3}\text{kg}$，置信概率皆为 95%，试求出铅圆柱密度 ρ 的测量结果，并完整表达（要求保留 1 位可疑数字）。

解

①铅圆柱密度的算术平均值：

$$\bar{\rho} = \frac{4\,\bar{m}}{\pi(\bar{d})^2\,\bar{h}} = \frac{4 \times 519.18 \times 10^{-3}}{3.14 \times 0.020\,4^2 \times 0.142} = 1.12 \times 10^4 \,(\text{kg/m}^3)$$

②密度的不确定度：

$$E_{\bar{\rho}} = \sqrt{\left(\frac{1}{\bar{m}}u_{\bar{m}}\right)^2 + \left(\frac{2}{\bar{d}}u_{\bar{d}}\right)^2 + \left(\frac{1}{\bar{h}}u_{\bar{h}}\right)^2}$$

$$= \sqrt{\left(\frac{0.05}{519.18}\right)^2 + \left(\frac{2 \times 0.01}{2.04}\right)^2 + \left(\frac{0.02}{14.20}\right)^2} = 0.009\,9$$

$$U_{\rho} = E_{\bar{\rho}} \times \bar{\rho} = 0.009\,9 \times 11\,191.79 \approx 111\,(\text{kg/m}^3) \approx 2 \times 10^2\,(\text{kg/m}^3)$$

③密度的完整表达式：

$$\rho = \bar{\rho} \pm U_{\rho} = (1.12 \pm 0.02) \times 10^4 \text{kg/m}^3 \quad (U = 95\%)$$

例题 3 一圆柱体，用 50 分度游标卡尺测量其直径和高度各 5 次，数据见下表，求其侧面积的测量结果，要求完整表达（置信概率取为 95%）。

测量次数	1	2	3	4	5
d/mm	20.42	20.34	20.40	20.46	20.44
h/mm	41.20	41.22	41.32	41.28	41.12

解

①计算直径的算术平均值

$$\bar{d} = \frac{\sum\limits_{i=1}^{5} d_i}{5} = 20.41\,(\text{mm})$$

②直径的 A 类不确定度：根据 $P = 95\%$ 及测量次数查出 $t_p = 2.78$：

$$\Delta_{\text{A}} = t_p \sigma_{\bar{d}} = t_p \sqrt{\frac{\sum\limits_{i=1}^{n}(d_i - \bar{d})^2}{n(n-1)}} = 2.78 \times 0.020\,6 = 0.058\,(\text{mm})$$

③直径的 B 类不确定度：

$$\Delta_{\text{B}} = \sqrt{\Delta_{\text{仪}}^2 + \Delta_{\text{估}}^2} = \sqrt{0.02^2 + 0.02^2} = 0.029\,(\text{mm})$$

④直径的总不确定度：

$$U_{\bar{d}} = \sqrt{\Delta_{\text{A}}^2 + \Delta_{\text{B}}^2} = \sqrt{0.058^2 + 0.029^2} = 0.065\,(\text{mm})$$

⑤直径的测量结果：

$$d = \bar{d} \pm U_{\bar{d}} = (20.41 \pm 0.07)\,\mathrm{mm} \quad (P = 95\%)$$

⑥计算高度的算术平均值：

$$\bar{h} = \frac{\sum\limits_{i=1}^{5} h_i}{5} = 41.23\ (\mathrm{mm})$$

⑦高度的 A 类不确定度：

$$\Delta_{\mathrm{A}} = t_p \sigma_{\bar{h}} = t_p \sqrt{\frac{\sum\limits_{i=1}^{n}(h_i - \bar{h})^2}{n(n-1)}} = 2.78 \times 0.034\,4 = 0.096\,(\mathrm{mm})$$

⑧高度的 B 类不确定度：$\Delta_{\mathrm{B}} = \sqrt{\Delta_{\mathrm{仪}}^2 + \Delta_{\mathrm{估}}^2} = \sqrt{0.02^2 + 0.02^2} = 0.029\,(\mathrm{mm})$

⑨高度的总不确定度：

$$U_{\bar{h}} = \sqrt{\Delta_{\mathrm{A}}^2 + \Delta_{\mathrm{B}}^2} = \sqrt{0.096^2 + 0.029^2} = 0.10\,(\mathrm{mm})$$

⑩高度的测量结果：

$$h = \bar{h} \pm U_{\bar{h}} = (41.23 \pm 0.10)\,\mathrm{mm} \quad (P = 95\%)$$

⑪计算侧面积的算术平均值：

$$\bar{s} = \pi \bar{d}\,\bar{h} = 3.141\,6 \times 20.412 \times 41.23 = 2\,644\,(\mathrm{mm}^2)$$

⑫计算侧面积的不确定度：

$$E_{\bar{s}} = \sqrt{\left(\frac{U_{\bar{d}}}{\bar{d}}\right)^2 + \left(\frac{U_{\bar{h}}}{\bar{h}}\right)^2} = \sqrt{\left(\frac{0.065}{20.412}\right)^2 + \left(\frac{0.10}{41.23}\right)^2} = 0.004\,0$$

$$U_s = E_{\bar{s}} \times \bar{s} = 2\,643.929 \times 0.004\,0 = 11\,(\mathrm{mm}^2)$$

⑬侧面积的完整表达式：

$$s = \bar{s} \pm U_{\bar{s}} = (2\,644 \pm 11)\,\mathrm{mm}^2 \quad (P = 95\%)$$

或

$$s = \bar{s} \pm U_{\bar{s}} = (2.644 \pm 0.011) \times 10^3\,\mathrm{mm}^2 \quad (P = 95\%)$$

(5) 习题

1) 填空题

①测量就是将_____物理量与_____物理量进行比较的过程。

②能直接从仪器上读出测量值的测量称为_____测量。由直接测量值经过函数关系计算得出待测量的称为_____测量。

③任何物理量所具有的客观真实数值称为该物理量的_____。

④任何测量的目的都是要力求得到物理量的_____。

⑤误差是测量值与真值之间存在的_____。

⑥误差存在于一切_____之中，而且贯穿_____过程的始终。

⑦根据误差的_____和_____，可将误差分为_____误差和_____误差。

⑧等精度测量是指测量_____、测量_____、测量_____、测量_____等均不发生改变的测量。

⑨同样条件下多次测量同一物理量时,_____和_____保持不变或按_____变化的误差称为系统误差。

⑩系统误差主要来自:_____、_____、_____、_____4个方面的误差。

⑪发现系统误差的方法主要有:_____、_____、_____3种方法。

⑫同样条件下多次测量同一物理量时,_____和_____不能确定的误差,称为随机误差。

⑬在等精度多次测量中,随机误差可通过_____而减小。

⑭随机误差的分布特点是_____、_____、_____、_____。

⑮表示测量数据相互接近程度的概念是_____度,它是定性评价_____误差大小的。

⑯测量数据的3σ判据中,σ被称为_____的标准偏差,其统计意义是数据落在区间$[-3\sigma, +3\sigma]$内的概率是_____。

⑰准确度指测量值与真值_____的程度,反映了测量中_____误差的大小。

⑱精确度既描述了测量数据间的_____程度,又表示了测量值与_____的接近程度。

⑲测量结果的完整表达式包括_____、_____、_____、_____。

⑳不确定度可以保留_____位,其尾数取舍时采取_____的原则,平均值最末位数应与不确定度_____对齐,其尾数取舍时按_____规则进行。

㉑测量结果的有效数字位数不能任意_____,位数的多少由被测量的_____和测量仪器的_____共同决定。

㉒仪器误差是指仪器的_____与被测量真值之间的_____的绝对值。

㉓由仪器的精度级别计算仪器误差的公式是_____。

㉔一级精度,量程0~125 mm,50分度的游标尺,其仪器误差为_____。

㉕有限次测量随机误差的t分布中的t_p因子与_____和_____有关。

㉖估计读数的最小读数单位被称为_____误差。

㉗不确定度表示了被测物理量_____的区间和其在此区间的_____。

㉘不确定度的计算分为两类,即_____类和_____类。

㉙A类不确定度分量是指可以用_____计算的不确定度。

㉚天平砝码不准确产生的误差为_____误差,可以用_____类不确定度来评定。

㉛不确定度均分原理就是将间接量的_____均匀分配到各_____的不确定度中去。

㉜使用逐差法的条件是:自变量是严格_____变化的,因变量与自变量必须是_____关系。

㉝最小二乘法处理数据可得到物理量间的_____,其原理是:拟合曲线与各测量值之_____,在所有拟合曲线中应_____。

2)选择题

①指出下列情况属于随机误差的是(　　)。

　　A.天平杠杆受气流影响的起伏　　　　　　B.千分尺零位对不齐

　　C.电压波动引起的测量值变化　　　　　　D.电表的指针不能归零

②假设多次测量的随机误差遵从高斯分布,真值处于$\bar{x} \pm \sigma_{\bar{x}}$区间内的概率为(　　　)。

　　A.57.5%　　　　　　　　　　　　　　　B.68.3%

　　C.99.7%　　　　　　　　　　　　　　　D.100%

③用量程为 15 mA,准确度等级为 0.5 级的电流表测量某电流的指示值为 10.00 mA,其测量结果的不确定度为(　　　)。

　　A. =0.075 mA　　　　　　　　　　　　B. >0.075 mA

　　C. <0.075 mA　　　　　　　　　　　　D. >0.10 mA

④下列测量结果正确的表达式是(　　　)。

　　A. $L = (23.68 \pm 0.03)$ m $(P = 0.95)$　　　B. $I = (4.091 \pm 0.100)$ mA $(P = 0.95)$

　　C. $T = (12.563 \pm 0.01)$ s$(P = 0.95)$　　　D. $Y = (1.67 \pm 0.15) \times 10^{11}$ Pa$(P = 0.95)$

⑤测量一约为 1.5 V 的电压时要求其结果的相对误差不大于 1.5%,则应选用下列哪种规格的电压表最合理(　　　)。

　　A.0.5 级,量程为 5 V　　　　　　　　　B.1.0 级,量程为 2 V

　　C.2.5 级,量程为 1.5 V　　　　　　　　D.0.5 级,量程为 3 V

⑥用 50 分度的游标卡尺测物体的长度,符合有效数字规范的测量数据是(　　　)。

　　A.40 mm　　　　　　　　　　　　　　B.40.0 mm

　　C.40.00 mm　　　　　　　　　　　　　D.40.000 mm

⑦在计算数据时,当有效数字位数确定以后,应将多余的数字舍去。假设计算结果的有效数字取 4 位,则下列不正确的取舍是(　　　)。

　　A.4.327 49→ 4.328　　　　　　　　　B.4.327 50→ 4.328

　　C.4.327 51→ 4.328　　　　　　　　　D.4.328 50→ 4.328

⑧下面的说法中正确的是(　　　)。

　　A.有效数字位数的多少由计算器显示的位数决定

　　B.有效数字位数的多少由测量仪器的精度决定

　　C.有效数字位数的多少由其不确定度决定

　　D.有效数字位数的多少由所用单位的大小决定

⑨下面说法正确的是(　　　)。

　　A.系统误差可以通过多次测量消除

　　B.随机误差一定能够完全消除

　　C.粗心造成的读数错误是系统误差

　　D.系统误差是可以减少的

⑩请选出下列说法中的正确者(　　　)。

　　A.测量结果的有效数字多少与测量结果的准确度无关

　　B.未知仪器误差时,可用仪器最小分度值或最小分度值的一半近似作为仪器误差

　　C.直径约 10 mm,要求测量的相对不确定度约为 5%,可选用最小分度为 1 mm 的米尺来测量

D. 实验结果应尽可能保留多的运算位数,以表示测量结果的精确

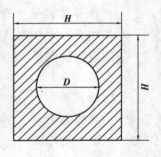

3)计算题

一个零件如右图所示,用 50 分度游标尺测量得到数据如下表,请计算阴影部分的面积和不确定度,并写出其完整表达式。仪器误差 0.02 mm,置信概率取 $P = 95\%$($n = 6$, $t_p = 2.57$)。要求:取 $\pi = 3.14$,所有不确定度的计算结果都保留 2 位有效数字。

测量次数 n	1	2	3	4	5	6
H/mm	35.16	35.12	35.14	35.16	35.18	35.14
直径 D/mm	20.12					

(6)参考答案

1)填空题

①待测,标准

②直接,间接

③真值

④真值

⑤差值

⑥测量,测量

⑦性质、来源、系统、随机

⑧仪器、方法、条件、人员

⑨绝对值,正负号,一定规律

⑩理论或方法、仪器、环境、个人

⑪对比、理论分析、数据分析

⑫绝对值,正负号

⑬多次测量

⑭单峰性、有界性、对称性、抵偿性

⑮精密,随机

⑯测量列,0.997

⑰接近,系统误差

⑱接近,真值

⑲算术平均值,不确定度,单位,置信概率

⑳1~2,只入不舍,最末位数,四舍六入五凑偶

㉑增减,大小、精度

㉒示值,最大误差

㉓仪器误差 = 仪器量程×精度级别%

㉔ 0.02 mm

㉕置信概率水平、测量次数

㉖估计

㉗真值所在,概率

㉘A,B

㉙统计方法

㉚系统、B

㉛总不确定度,直接量

㉜等间距、线性

㉝函数关系式,偏差的平方和,最小

2)选择题

①AC　②B　③B　④AD　⑤B　⑥C　⑦A　⑧BC　⑨D　⑩B

3)计算题

$$\overline{H} = \frac{1}{6}\sum_{i=1}^{6}H_i = 35.15(\text{mm})$$

$$U_{HA} = t_p\sqrt{\frac{1}{6(6-1)}\sum_{i=1}^{6}(H_i - \overline{H})^2} = 2.57 \times 0.008\,6 = 0.023(\text{mm})$$

$$U_{HB} = \sqrt{\Delta_{仪}^2 + \Delta_{估}^2} = \sqrt{0.02^2 + 0.02^2} = 0.029(\text{mm})$$

$$U_H = \sqrt{U_{HA}^2 + U_{HB}^2} = \sqrt{0.023^2 + 0.029^2} = 0.037(\text{mm})$$

$$U_D = U_{DB} = U_{HB} = 0.029(\text{mm})$$

$$\overline{S} = \overline{H}^2 - \frac{\pi}{4}\overline{D}^2 = 35.15^2 - \frac{3.14}{4}\times 20.12^2 = 917.74(\text{mm}^2) \quad (或 917.743\ \text{mm}^2)$$

$$U_S = \sqrt{(2\overline{H}U_H)^2 + \left(-\frac{\pi}{2}\overline{D}U_D\right)^2}$$

$$= \sqrt{(2 \times 35.15 \times 0.037)^2 + \left(-\frac{3.14}{2}\times 20.12 \times 0.029\right)^2} = 2.8(\text{mm}^2)$$

$$S = \overline{S} \pm U_S = (917.7 \pm 2.8)\text{mm}^2 \quad (P = 0.95)$$

$$或\ S = \overline{S} \pm U_S = (9.177 \pm 0.028)\times 10^2\ \text{mm}^2 \quad (P = 0.95)$$

3

如何用 Excel 软件处理物理实验数据

实验数据的处理和分析是大学物理实验中的一个非常重要环节,对培养学生的科学素质和科学态度有非常重要的作用。但有时由于实验数据繁多,需要学生将大量的精力用来进行数据分析和图形处理,容易使学生忽视物理实验本身的意义,甚至失去了对物理实验的兴趣。传统数据处理方法中常利用计算器进行实验数据分析,并用坐标纸作图,不仅速度慢、精度低,而且主观随意性强,很容易出错,会给实验带来较大的人为误差,对实验数据的分析带来不利影响,难以获得理想的结论。

随着信息技术的发展和普及,以及计算机在计算速度、图形处理等诸多方面的先进性,科研工作者基本都使用计算机来进行图形处理和数据分析。相比传统手工方法数据处理来讲,计算机处理数据具有很多优势,即速度快、精度高,图像美观。

Excel 是微软公司开发的 Office 办公软件中的一个组件,可以用来制作电子表格、完成许多复杂的数据运算,能够进行数据的分析,具有强大的制作图表的功能;相比 Mathematica 和 Matlab 软件,Excel 数据处理过程不需要编程,是一种非编程数据处理软件,简单易用;能按照不同的要求对现场数据进行快速、准确的处理,并以多种图表的方式描绘出来。直观的界面、出色的计算功能和图表工具,加上成功的市场营销,使 Excel 成为流行的计算机数据处理软件,大多数计算机中都会安装 Excel 软件。学会利用 Excel 对所记录的物理实验数据进行处理,如计算平均值、标准偏差、拟合方程和作图等,不但可提高学生的计算机应用能力,而且有利于减轻学生的数据处理负担,消除学生在处理数据时人为造成的各种误差,提高数据处理的精确度。

本章用两个简单的实验数据处理过程,探讨用 Excel 2010 版本对实验数据进行计算处理及曲线拟合绘图的一般过程,其他版本的 Excel 软件与此类似。

(1)用 Excel 作曲线图像

在大学物理实验中,光电效应法测普朗克常量实验中要求绘制光电管的伏安特性曲线,也就是光电流随电压变化的曲线,现通过此曲线的绘制来讲解如何用 Excel 软件来做曲线图。

设光电管的伏安特性曲线实验数据见表 3.1。

表 3.1　光电管的伏安特性曲线实验数据

U/V	-1.2	-0.9	-0.4	0.0	0.4	0.8	1.0	2.0	4.0	6.0	10.0	14.0	18.0	22.0	26.0	30.0
$I/10^{-7}A$	0.0	6	21	39	57	84	94	162	248	310	442	530	594	660	706	762

伏安特性曲线描绘过程如下所述。

①打开 Excel 软件,并将实验数据输入 Excel 表格内,如图 3.1 所示,将电压 U 输入第一列(A2:A17),电流 I 输入第二列(B2:B17),并用鼠标选中数据区域。

图 3.1

②在"插入"(图 3.2 中 1 位置)中单击"散点图"(图 3.2 中 2 位置),并选择"带平滑线和数据标记的散点图"(图 3.2 中 3 位置),即可得到数据曲线(图 3.3)。

③至此,平滑曲线图已经完成,剩下的工作就是对此曲线图按照自己的意愿进行修改。

A. 此图中 Y 轴与 X 轴相交于坐标原点处,视图感觉不好,可以考虑将 Y 轴位置移动到 $X = -5.0$ 处,方法如下:用鼠标右键单击图表的横轴刻度或横轴坐标轴,选择"设置坐标轴格式",出现如图 3.4(a)所示对话框。在"坐标轴选项"下面的"纵坐标轴交叉"里选择"坐标轴值"并设置为"-5.0",然后单击"关闭"按钮,回到图标界面,即可看到 Y 轴出现在新位置,如图 3.4(b)所示。

注意:此处还可以设置 X 轴起点坐标、终点坐标、主要刻度单位、次要刻度单位等,使曲线能够以合适的大小比例出现。

B. 添加 X 轴与 Y 轴名称和单位,以及图表名称。

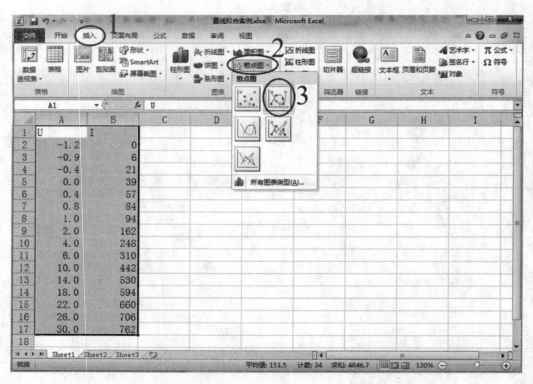

图 3.2

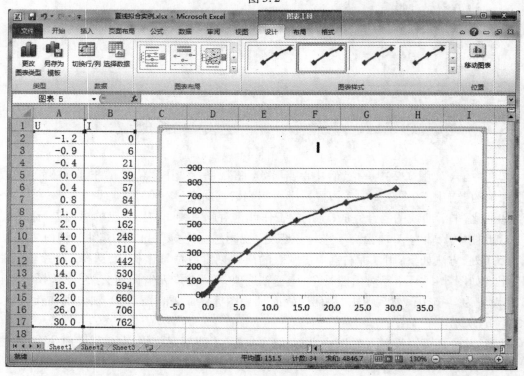

图 3.3

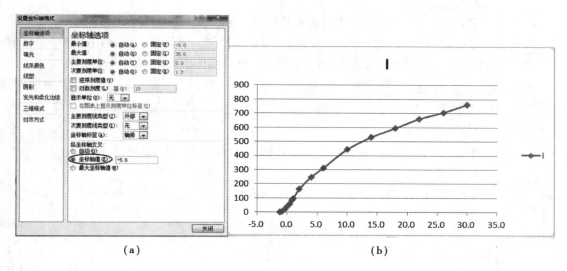

（a）　　　　　　　　　　　　　　　　（b）

图 3.4

左键单击图表区空白位置，在软件界面上方功能区出现"图表工具"，单击选择"布局"选项卡，并依次单击"坐标轴标题""主要横坐标轴标题""坐标轴下方标题"，在图表区 X 轴下方出现"坐标轴标题"区域，可以自由输入 X 轴名称和单位，本例中输入"$U(V)$"。同样依次单击"坐标轴标题"、"主要纵坐标轴标题"、"竖排标题"或"横排标题"，在图表区 Y 轴左侧出现"坐标轴标题"区域，可以自由输入 Y 轴名称和单位："$I(10^{-7}A)$"。

在"布局"选项卡中，同样可以单击"图表标题"，并在图表区输入标题"光电效应伏安特性曲线"，如图 3.5 所示。

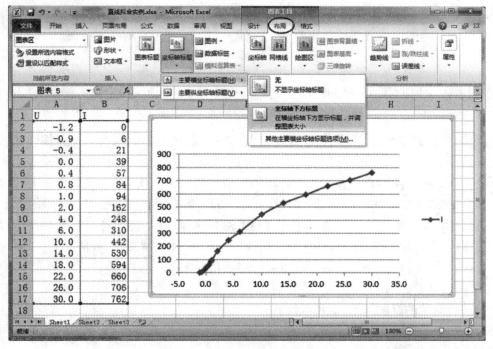

图 3.5

C. 改变数据点的类型、大小和曲线的类型及粗细。为了更清楚地显示出数据点,有时候需要更改数据点标记的类型(三角形、圆圈、正方形、菱形、星号等)和大小。直接用右键单击任何一个数据点,在弹出菜单中选择"设置数据系列格式",会看到弹出窗口,如图3.6所示。

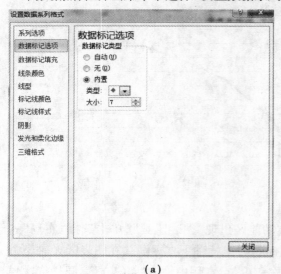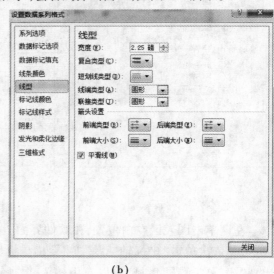

（a）　　　　　　　　　　　　　　（b）

图 3.6

在"数据标记选项"中,选择内置,并可以自行设置数据点的标记类型和大小;在"线型"中,可以设置曲线的宽度(粗细)、类型等。

至此,伏安特性曲线已经完成,可以直接用鼠标在图表区的空白处单击选择后复制粘贴到 Word 里面,并调整尺寸到合适大小后打印出来。

当然,也可对图像进行其他美化调整,这就需要多练习使用 Excel 的技巧。

（2）用 Excel 作直线的拟合

直线拟合求最佳经验公式的一种数据处理方法是最小二乘法(又称为一元线性回归),其可克服用作图法求直线公式时图线的绘制造成的误差,结果更精确,在科学实验中得到了广泛的应用。Excel 软件中的直线拟合功能就是用最小二乘法来实现的,软件中也有很多函数可以直接得到最小二乘法的结果,例如直线斜率、截距、数据的相关系数以及残差的大小。

先看看用 Excel 软件来处理铜丝电阻温度系数的实验数据,通过拟合直线得到直线方程和相关系数。由理论可知,铜丝电阻的阻值会随着温度增加而增加,一般情况下:

$$R_t = R_0(1 + \alpha t) = R_0 + R_0 \alpha t$$

式中　R_0——常数;

　　　α——电阻的温度系数,也是常数。

设 $y = R_0, x = t, b = R_0, k = R_0\alpha$,则有 $y = kx + b$,这是一个直线方程,通过直线拟合可以得到 k, b 的大小,即可得出温度系数 α。

实验数据见表 3.2。

表 3.2 实验数据

$t/℃$	22.2	27.1	32.3	37.2	42.0	47.9	52.2	57.1	62.2	66.8
R/Ω	21.09	21.52	21.95	22.35	22.71	23.23	23.55	23.96	24.36	24.78

①打开 Excel 软件,并将以上数据输入 Excel 表格内,如图 3.7 所示,将温度 t 输入第一列(A2:A11),电流 I 输入第二列(B2:B11),并用鼠标选中数据区域。

②在"插入"[图 3.7(a)中 1 位置]中单击"散点图"[图 3.7(a)中 2 位置],并选择"仅带数据标记的散点图"[图 3.7(a)中 3 位置];即可得到图表[见图 3.7(b)]。

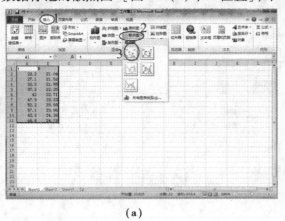 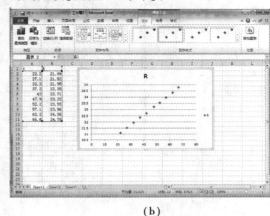

(a)   (b)

图 3.7

③在出现的图表中右键单击任意一个数据点,选择"添加趋势线",如图 3.8 所示,出现"设置趋势线格式"对话框。

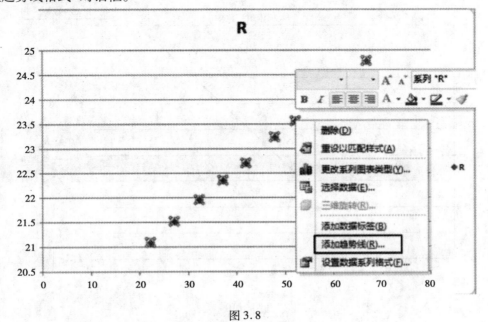

图 3.8

④因为理论上电阻 R 与温度 t 是线性关系,因此在"趋势线选项"中选择"线性";下面的趋势线名称可自行定义,比如定义为"线性拟合";为了能够在图表区显示拟合的公式,要勾选"显示公式"和"显示 R 平方值"。如图3.9所示。

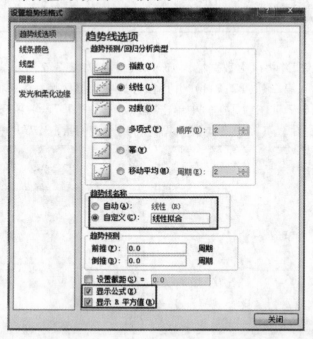

图3.9

⑤在图表区将直线拟合方程和 R_2 移动到右上角空白处,如图3.10所示;双击拟合的直线,可以在弹出对话框中设置直线的样式、颜色、粗细等。

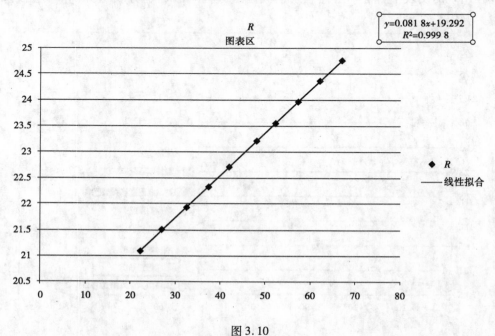

图3.10

⑥参照例 1 所示方法添加 X 轴、Y 轴标题和单位,以及图表标题。最后将整个图表复制粘贴到 Word 文档之中,并打印。至此,用 Excel 对实验数据进行拟合完成。

另外,Excel 也提供了专门的公式,用于求解拟合直线的斜率、截距和相关系数。还是以铜丝电阻与温度的实验数据(图 3.7)为例。只需要在 Excel 工作表空白表格处输入相应公式即可。

a. 计算斜率的公式为" = slope(B2 : B11 , A2 : A11)",可求出拟合曲线的斜率 0.081 829。

b. 计算截距的公式为" = intercept(B2 : B11 , A2 : A11)",可得直线截距 19.292。

c. 计算相关系数的公式为" = correl(B2 : B11 , A2 : A11)",可得相关系数 0.999 9。

注意:公式里面 A2 : A11、B2 : B11 分别是自变量和因变量的对应数据范围。

4

固体杨氏弹性模量的测量

Measurement of Young's Modulus of steel wire

(1)实验背景

固体在外力作用下都将产生形变,若在外力作用停止时,形变也随之消失,这种形变称为弹性形变。弹性模量是弹性材料的一种重要且具有特征的力学性质,是物体弹性变形难易程度的表征;其值越大,材料刚度越大,越难发生形变。对各向同性均匀介质来讲,弹性模量主要有3个,分别对应3种不同的弹性形变:

①杨氏弹性模量(Young's Modulus):反映材料抵抗外力拉伸和压缩的能力。

②切变模量(shear modulus):表征材料抵抗切向应变的能力。

③体变模量(bulk modulus):表征材料抵抗体积形变的能力。

这3个弹性模量是表征材料力学特性的重要物理量,是固体材料在工程技术应用中常用的参数,是选定机械构件材料的重要依据之一,常用金属材料的杨氏模量的数量级为$10^{11}\mathrm{N}\cdot\mathrm{m}^{-2}$。

测量材料杨氏模量的方法很多,诸如拉伸法、压入法、振动法、弯曲法和碰撞法等。本实验采用的静态拉伸法是常用的方法之一。

(2)重点、难点

1)杨氏弹性模量的基本概念

杨氏模量(Young's modulus),又称拉伸模量(tensile modulus)。设有一根长度为L、横截面积为A的粗细均匀的钢丝,在外力F的作用下伸长ΔL,如图4.1所示。根据胡克定律(Hooke's Law),在一定的弹性限度内,钢丝的应变与应力成正比关系,即

$$E = \frac{\frac{F}{A}}{\frac{\Delta L}{L}} \quad\quad (4.1)$$

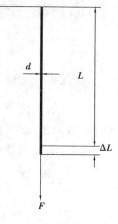

式中 F/A——应力,描述钢丝单位横截面积所受到的作用力;

$\Delta L/L$——应变,描述钢丝的相对伸长或单位长度(1 m)钢丝的伸长量。

应力与应变的比例系数 E 称为杨氏弹性模量,实验证明,杨氏弹性模量只决定于材料本身的性质,而与外力 F、材料的长度 L、横截面积大小 A 等因素无关。

2)光杠杆(Optical Lever)

图 4.1 杨氏模量定义

对金属丝来讲,在弹性形变范围内,其伸长量 ΔL 非常小,是一个难以用传统方法测量的物理量,本实验采用光杠杆放大法进行测量。

光杠杆是一个带有可旋转的平面镜支架,平面镜的镜面垂直于 3 个足尖决定的平面,其后足即杠杆的支脚与被测物体接触,如图 4.2 所示。

如图 4.3 所示,当平面镜与望远镜主光轴垂直时,望远镜中间水平叉丝对准能看到的是尺子上读数为 x_1(x_1 处发出的光经过平面镜反射后进入望远镜)。当杠杆的支脚随被测物体上升或下降微小距离 ΔL 时,镜面法线相应地转过一个非常小的角度 θ 角,此时入射到望远镜的光线转过 2θ 角,即 x_2 处发出的光经过平面镜反射后进入望远镜,望远镜中水平叉丝对准的是尺子上读数为 x_2。当 θ 很小时,即:

$$\theta \approx \tan\theta = \frac{\Delta L}{b} \quad\quad (4.2)$$

式中 b——支脚尖 a 到刀口 bc 的垂直距离。

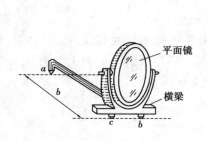

图 4.2 光杠杆结构

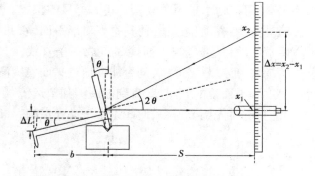

图 4.3 光杠杆放大法测微小长度原理

根据光的反射定量,反射角和入射角相等,故当镜面转动 θ 角时,反射光线转动 2θ 角,由图 4.3 可知:

$$\tan 2\theta \approx 2\theta = \frac{\Delta x}{S} \quad\quad (4.3)$$

式中 S——镜面到标尺的距离;

Δx——从望远镜中观察到的标尺移动的距离。

从以上两式可得:

$$2\frac{\Delta L}{b} = \frac{\Delta x}{S} \tag{4.4}$$

由此得

$$\Delta L = \frac{b\Delta x}{2S}$$

在一般情况下,$2S/b$ 远大于 1,因此望远镜中标尺读数的变化 Δx 比钢丝的伸长量 ΔL 大很多,放大了 $2S/b$ 倍。所以 $2S/b$ 称为光杠杆常数,取决于 S 和 b 的大小。该方法具有性能稳定、精度高,而且是线性放大等优点,所以在设计各类测试仪器中有着广泛的应用。

利用 $\Delta L = \frac{b\Delta x}{2S}$,可以得出杨氏弹性模量 $E = \frac{F/A}{\Delta L/L} = \frac{2LSmg}{b \cdot \frac{1}{4}\pi d^2 \cdot \Delta x} = \frac{8mgLS}{\pi d^2 b \Delta x}$ (4.5)

(3)操作要点

1)正确放置光杠杆

将光杠杆放在平台上,两前脚放在平台横槽内,后脚放在固定钢丝下端的圆柱形套管上(注意一定要放在金属套管的边上,不能放在缺口的位置),并使光杠杆镜镜面基本垂直或稍有俯角,如图4.4所示。

2)镜尺组的调节步骤

①外观对准:调节光杠杆与望远镜、标尺中部在同一高度,如果不等高,可以适当上下移动望远镜和标尺的位置。

图4.4 光杠杆放置方法

②镜外找像:移动望远镜,使其垂直对准平面镜,并使望远镜上方两端的缺口、准星与平面镜3点成一条直线;通过望远镜上方的缺口、准星看平面镜,是否能够通过平面镜观测到望远镜和直尺的像,调节望远镜的位置倾斜度和平面镜的倾斜度,直到能观测到望远镜"物镜"和直尺的像,如图4.5所示。

③镜内找像:先调节目镜,使3条水平叉丝清晰,如图4.6所示。

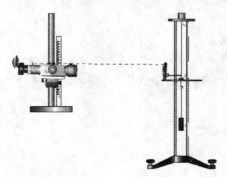

图4.5 镜尺组调节示意图

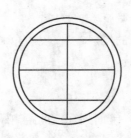

图4.6 目镜水平和竖直叉丝

④调节望远镜物镜焦距,通过望远镜看到清晰的标尺像,并且无视差。如果只有部分标尺清楚,说明只有部分标尺聚焦,应调节望远镜仰角调节螺丝直至视野中标尺读数完全清楚,如图4.7所示。

其中,上水平线对应的位置为 $x_\text{上}$,中间水平线对应位置记为 $x_\text{中}$,下水平线对应位置记为 $x_\text{下}$。

3) 测量金属丝的伸长

增减砝码时要轻放轻取,以减少冲击和摆动,应等标尺稳定后才可读数;判断标准是望远镜中间水平叉丝应该在某个示数上下1 mm内摆动。

图4.7　目镜中所见标尺

钢丝受到拉伸力作用时,长度的变化比较慢,不像橡皮一样能够立即伸长到应有的长度 x_i,因此每次增减砝码后要等到示数稳定30 s后再读数。

4) 对称测量

考虑到金属丝受外力作用时存在着弹性滞后效应,也就是说钢丝受到拉伸力作用时,并不能立即伸长到应有的长度 $L_i(L_i = L_0 + \Delta L_i)$,而只能伸长到 $L_i - \delta L_i$。同样,当钢丝受到的拉伸力一旦减小时,也不能立刻缩短到应有的长度 L_i,仅缩短到 $L_i + \delta L_i$。因此实验时测出的并不是金属丝应有的伸长或收缩的实际长度。为了消除弹性滞后效应引起的系统误差,测量中应包括增加拉伸力以及对应地减少拉伸力这一对称测量过程,实验中可以采用增加和减少砝码的办法实现。只要在增、减相应质量时,金属丝伸缩量取平均,就可以消除滞后量 δL_i 的影响。即:

$$\overline{L_i} = \frac{1}{2}\left[L_\text{增} + L_\text{减}\right] = \frac{1}{2}\left[(L_0 + \Delta L_i - \delta L_i) + (L_0 + \Delta L_i + \delta L_i)\right] = L_0 + \Delta L_i \tag{4.6}$$

(4) 数据记录及处理

1) 本次实验的数据中需要测量的物理量

①光杠杆的臂长 b(游标卡尺测量)。
②金属丝的长度 L(直尺测量)。
③金属丝的直径 d(螺旋测微器测量)。
④加砝码后镜尺组中水平叉丝的位置 x_i(直尺读数)。
⑤加第一个砝码后目镜中上下水平叉丝的示数 $x_\text{上}$ 和 $x_\text{下}$。

2) 本次试验数据的处理方法

①逐差法。
a. 钢丝原长 L。

$$U_L = \sqrt{\Delta_{仪}^2 + \Delta_{估}^2} \tag{4.7}$$

b. 光杠杆臂长 b，因是游标卡尺测量，无估读。

$$U_b = \Delta_{仪} \tag{4.8}$$

c. 钢丝直径 d，因为钢丝直径不均匀，截面积也不是理想的圆，可以在钢丝的不同部位和不同的方向测量 5 次。

钢丝直径：
$$\bar{d} = \frac{1}{5} \sum d_i \tag{4.9}$$

A 类不确定度

$$\Delta_A = t_p \sqrt{\frac{\sum_{i=1}^{k} (d_i - \bar{d})^2}{k(k-1)}} \quad (k \text{ 为测量次数，此处 } k=5)。\tag{4.10}$$

B 类不确定度

$$\Delta_B = \sqrt{\Delta_{仪}^2 + \Delta_{估}^2} \tag{4.11}$$

合成不确定度

$$U_d = \sqrt{\Delta_A^2 + \Delta_B^2} \tag{4.12}$$

d. 光杠杆到镜尺组距离 S。

$$S = \frac{|x_上 - x_下|}{2} \times 100 = 50|x_上 - x_下| \tag{4.13}$$

x 的不确定度

$$U_{x_上} = U_{x_下} = \sqrt{\Delta_{仪}^2 + \Delta_{估}^2} \tag{4.14}$$

S 的不确定度：

$$U_S = \sqrt{\left(\frac{\partial S}{\partial x_上}U_{x_上}\right)^2 + \left(\frac{\partial S}{\partial x_下}U_{x_下}\right)^2} = \sqrt{(50U_{x_上})^2 + (50U_{x_下})^2} = 50\sqrt{2}\,U_{x_上} \tag{4.15}$$

e. 每次加砝码后的伸长的平均值 $\overline{\Delta x}$ 时，需要使用逐差法计算。

平均值：
$$\overline{\Delta x} = \frac{1}{4}\big[(x_5 - x_1) + (x_6 - x_2) + (x_7 - x_3) + (x_8 - x_4)\big] \tag{4.16}$$

x 测量的不确定度：

$$U_x = \sqrt{\Delta_{仪}^2 + \Delta_{估}^2} \tag{4.17}$$

$\overline{\Delta x}$ 的不确定度

$$U_{\overline{\Delta x}} = \sqrt{\left(\frac{\partial \Delta x}{\partial x_1}U_{x_1}\right)^2 + \cdots + \left(\frac{\partial \Delta x}{\partial x_8}U_{x_8}\right)^2} = \sqrt{8 \times \frac{1}{4} \times U_x^2} = \sqrt{2}\,U_x \tag{4.18}$$

f. 将以上测得的物理量代入公式 $\bar{E} = \dfrac{8mgLS}{\pi \bar{d}^2 b \overline{\Delta x}}$，即可算出杨氏弹性模量的大小。但需要注意，在这里计算 $\overline{\Delta x}$ 时，是对应的加 4 个 1 kg 砝码的伸长，所以 $m = 4$ kg。

g. $\bar{E}$ 的不确定度的计算。

相对不确定度：

$$E_{\bar{E}} = \sqrt{\left(\frac{\partial \ln E}{\partial L}U_L\right)^2 + \left(\frac{\partial \ln E}{\partial S}U_S\right)^2 + \left(\frac{\partial \ln E}{\partial d}U_d\right)^2 + \left(\frac{\partial \ln E}{\partial b}U_b\right)^2 + \left(\frac{\partial \ln E}{\partial \Delta x}U_{\Delta x}\right)^2}$$

$$= \sqrt{\left(\frac{U_L}{L}\right)^2 + \left(\frac{U_S}{S}\right)^2 + \left(\frac{2U_d}{d}\right)^2 + \left(\frac{U_b}{b}\right)^2 + \left(\frac{U_{\Delta x}}{\Delta x}\right)^2} \tag{4.19}$$

绝对不确定度:$U_{\bar{E}} = \bar{E} \cdot E_{\bar{E}}$

h. 杨氏模量:$E = (\bar{E} \pm U_{\bar{E}})$ 单位($P = 0.95$)

i. 相对误差:

$$\eta = \frac{\left|\bar{E} - E_{公}\right|}{E_{公}} \times 100\% \tag{4.20}$$

②作图法。

根据杨氏模量的测量式,可得

$$m = \frac{\pi d^2 b E}{8gLS}\Delta x \tag{4.21}$$

用 $\Delta x \sim x, m \sim y$,可得方程 $y = kx$,当得到测量列(x_i, y_i),可以直接通过作图法拟合出最适合的直线方程,并得出直线斜率 k。

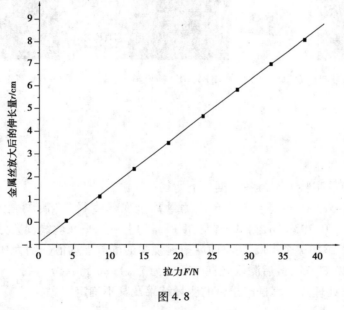

图 4.8

则杨氏弹性模量

$$E = \frac{8gLS}{\pi d^2 b}k \tag{4.22}$$

(5)思考题

①用光杠杆法测金属丝的伸长量时应满足什么条件?

②光杠杆底面三足不在同一水平面内对结果有什么影响?

③分析产生误差的主要原因,实验中哪个量的测量误差对结果的影响大? 如何进一步改进?

附:仪器介绍

①杨氏弹性模量测量支架,如图4.9所示。

②镜尺组,如图4.10所示。

③光杠杆,如图4.11所示。

钢丝

光杠杆

支架

砝码

缺口
望远镜目镜
物镜调焦旋钮
望远镜锁紧螺丝

准星
望远镜物镜
直尺
直尺支架锁紧螺丝

图4.9 杨氏弹性模量测量支架   图4.10 镜尺组   图4.11 光杠杆

(6) 例题

在一次杨氏模量实验中测得各数据如下所述。

金属丝原长 L:677.0 mm(卷尺作单次测量),金属丝直径(螺旋测微计测5次)0.798、0.804、0.803、0.797、0.793 mm,测量光臂长度所需的上下水平叉丝线读数分别为17.3 mm 和 -18.1 mm,在逐次添加7个1 kg 砝码前后望远镜中的读数平均值分别为0.7、3.2、6.1、9.1、12.2、14.8、17.6、20.8 mm,最后测得光杠杆常数为78.42 mm。

根据以上数据处理并计算杨氏模量的测量结果及其不确定度。

解

首先,直径的平均 $\overline{d} = \dfrac{1}{k}\sum\limits_{i=1}^{k} d_i = \dfrac{0.798+0.804+0.803+0.797+0.793}{5}$ mm $= 0.799$(mm)

光臂长度 $S = \dfrac{|x_{上}-x_{下}|}{2} \times 100 = \dfrac{|17.3-(-18.1)|}{2} \times 100$ mm $= 1.77 \times 10^{3}$(mm)

逐差伸长 $\Delta x = \dfrac{1}{4}(x_5 - x_1 + x_6 - x_2 + x_7 - x_3 + x_8 - x_4)$

$$= \dfrac{1}{4}(12.2 - 0.7 + 14.8 - 3.2 + 17.6 - 6.1 + 20.8 - 9.1) \text{ mm} = 11.6\text{(mm)}$$

于是杨氏模量 $E = \dfrac{8mgLS}{\pi d^2 b \Delta x}$

$$= \frac{8 \times 4 \times 9.8 \times 667.0 \times 1.77}{3.14 \times (0.799)^2 \times 10^{-6} \times 78.42 \times 10^{-3} \times 11.6 \times 10^{-3}}$$

$$= 2.03 \times 10^{11} (\text{N/m}^2)$$

其次,以 0.95 的置信概率评估上述结果的不确定度 U_E。

由于 E 是间接测得量,必须先估算各直接测得量的不确定度。

对于 L,由于只作单次测量,在没有同类的多次测量可供参考的情况下,可以只就 B 类不确定度作最低程度的估计,即:

$$U_L = \sqrt{\Delta_{仪}^2 + \Delta_{估}^2} = \sqrt{0.5^2 + 0.5^2} = 0.71(\text{mm})$$

对于 d,$\Delta_A = t_p \sqrt{\dfrac{\sum\limits_{i=1}^{k}(d_i - \bar{d})^2}{k(k-1)}} = 2.78 \sqrt{\dfrac{1 + 25 + 16 + 4 + 36}{5 \times 4}} \times 10^{-3} = 5.5 \times 10^{-3}(\text{mm})$

$$\Delta_B = \sqrt{\Delta_{仪}^2 + \Delta_{估}^2} = \sqrt{0.004^2 + 0.001^2} = 0.004\,2(\text{mm})$$

$$U_d = \sqrt{\Delta_A^2 + \Delta_B^2} = \sqrt{5.5^2 + 4.2^2} \times 10^{-3} = 0.007\,0(\text{mm})$$

对于 S,由于 $x_{上}$ 和 $x_{下}$ 均只作单次测量,故此

$$U_{x_{上}} = U_{x_{下}} = \sqrt{\Delta_{仪}^2 + \Delta_{估}^2} = \sqrt{0.5^2 + 0.1^2} = 0.51(\text{mm})$$

而 S 作为间接测得量 $U_S = 50\sqrt{U_{x_{上}}^2 + U_{x_{下}}^2} = 37(\text{mm})$

对于 Δx,x_1 到 x_8 均为单次测量,有:

$$U_{x_1} = U_{x_2} = \cdots = U_{x_8} = \sqrt{\Delta_{仪}^2 + \Delta_{估}^2} = \sqrt{0.5^2 + 0.1^2} = 0.51(\text{mm})$$

于是 $U_{\Delta x} = \dfrac{1}{4}\sqrt{U_{x_1}^2 + U_{x_2}^2 + \cdots + U_{x_8}^2} = 0.37(\text{mm})$

对于 b,也只作单次测量,$U_b = \Delta_{仪} = 0.02(\text{mm})$

这样 E 的相对不确定度:

$$\frac{U_E}{E} = \sqrt{4\left(\frac{U_d}{d}\right)^2 + \left(\frac{U_L}{L}\right)^2 + \left(\frac{U_b}{b}\right)^2 + \left(\frac{U_S}{S}\right)^2 + \left(\frac{U_{\Delta x}}{\Delta x}\right)^2}$$

$$= \sqrt{4 \times \left(\frac{0.007\,0}{0.799}\right)^2 + \left(\frac{0.71}{667.0}\right)^2 + \left(\frac{0.02}{78.42}\right)^2 + \left(\frac{37}{1\,770}\right)^2 + \left(\frac{0.37}{11.6}\right)^2}$$

$$= \sqrt{3.1 + 0.012 + 0.001\,4 + 4.4 + 11} \times 10^{-2}$$

$$= 0.044$$

由此 $U_E = E \times \dfrac{U_E}{E} = 2.03 \times 10^{11} \times 0.044 = 0.090 \quad (\text{N/m}^2)$

测量结果为:$E = \bar{E} \pm U_E = (2.03 \pm 0.09) \times 10^{11} \text{N/m}^2 \quad (P = 0.95)$

(7) 习题

1) 填空题

①杨氏弹性模量是描述_____材料_____能力的物理量,它与材料的性质_____(有关或无关),与材料的形状_____(有关或无关),与外力的大小_____(有关或无关)。

②在弹性限度内,金属丝的应变 $\Delta L/L$ 与应力 F/A 有关系式: $\dfrac{\Delta L}{L} = \dfrac{1}{E}\dfrac{F}{A}$,其中_____称为杨氏弹性模量。

③在 $E = 8mgSL/\pi d^2 bx$ 中, d 为金属丝的_____, m 为对应于_____所增加的砝码质量, b 称为_____,指光杠杆后足尖与前足尖的连线的_____; S 为_____,可按公式_____计算, L 为金属丝的原长,指金属丝_____的距离。

④放置光杠杆时,其后足尖必须_____放在夹紧金属丝的圆柱_____上。

⑤杨氏弹性模量仪的调整依据是_____原理,用光杠杆测微小伸长量使用了_____,其放大倍数 $k =$ _____。

⑥实验中调节光路的主要步骤:

a. 调节望远镜的位置,沿镜筒准星观察到光杠杆中_____的像;

b. 调节望远镜_____使基准叉丝线清楚;

c. 调节望远镜的_____看清标尺像;

d. 为准确读数,要反复_____,使叉丝线与标尺像清晰且二者间无_____。

⑦实验中,通常要预加 2 kg 的砝码,其目的是使钢丝_____。

2) 选择题

①以下关于杨氏弹性模量说法正确的有(   )。

A. 杨氏弹性模量与待测金属丝的长短、粗细有关

B. 杨氏弹性模量与待测金属丝的长短、粗细无关

C. 杨氏弹性模量可以用拉伸法测量

D. 在国际制单位中,杨氏弹性模量的单位是 N/m^2

②使用螺旋测微计时,以下说法错误的有(   )。

A. 可以旋转套筒使测量杆与待测物接触

B. 可以旋转棘轮使测量杆与待测物接触

C. 对最小分度可进行 1/10 估计读数,读出 0.001 mm 位的读数

D. 使用完毕可随意放入盒中

③实验中当砝码按等值增减时,对应的标尺数据相差较大,可能的原因(　　)。

A. 杨氏弹性模量仪支柱不垂直,造成金属丝下端的夹头不能在平台圆孔内自由移动

B. 初始砝码太轻,金属丝未被完全拉直

C. 光杠杆后足位置安放不当,与金属丝相碰

D. 实验过程中,有可能碰动了仪器

④逐差法处理数据的基本条件及主要优点有(　　)。

A. 可变化成等差级数的数据序列

B. 等差级数的数据序列

C. 充分利用所测数据,可减小系统误差

D. 充分利用所测数据,可减小随机误差

⑤杨氏弹性模量实验中,以下说法正确的有(　　)。

A. 其他条件不变,光杠杆常数越大,其测量灵敏度越高

B. 其他条件不变,光杠杆常数越小,其测量灵敏度越高

C. 从望远镜视场中看到光杠杆镜面中的标尺像是放大的倒立虚像

D. 从望远镜视场中看到光杠杆镜面中的标尺像是放大的正立虚像

3) 计算题

用 50 分度游标卡尺测小铅球的直径,天平测其质量,所得数据及结果见下表。试计算铅球的密度和不确定度,并写出其完整结果式。

测量次数 K	1	2	3	4	5	6
直径 d/mm	29.40	29.42	29.38	29.40	29.38	29.42
质量 m	$m = 149.52 \pm 0.05 (\mathrm{g})(P = 95\%)$					

4) 设计题

①设计要求:设计测量固体材料随温度变化的变化量。用文字、示意图、公式表示设计方案,为准确测量铜管的最小伸长量 0.01 mm,镜尺组与光杠杆的距离至少为多少米。

②可用器材:加热装置及温控装置;光杠杆:光杠杆常数为 50～80 mm 可调;镜尺组:量程 0～30 cm,最小量 1 mm;钢卷尺:量程 0～5m,最小量 1 mm。

（8）参考答案

1）填空题

①固体　　抵抗形变　　有关　　无关　　无关

②E

③直径　　位移 x　　光杠杆常数　　垂直距离　　光杠杆镜面到望远镜标尺间的距离

$S = \dfrac{|x_{上} - x_{下}|}{2} \times 100$　　两紧固点间

④垂直　　平台

⑤平面镜成像　　放大法　　$\dfrac{2S}{b}$

⑥标尺　　目镜　　焦距　　调焦　　视差

⑦拉直

2）选择题

1. BCD　　2. AD　　3. ABCD　　4. ABD　　5. BC

3）计算题

解　1. d 的平均值 $\overline{d} = \dfrac{1}{6} \sum\limits_{i=1}^{6} d_i = 29.40 \text{ mm}$

$$\Delta_{\text{A}} = t_P \sqrt{\frac{1}{6(6-1)} \sum_{i=1}^{6} (d_i - \overline{d})^2}$$

$$= 2.57 \sqrt{\frac{1}{30}(0.02^2 + 0.02^2 + 0.02^2 + 0.02^2)}$$

$$= 0.019 \text{ (mm)} \; (P = 0.95)$$

$$\Delta_{\text{B}} = \sqrt{\Delta_{\text{估}}^2 + \Delta_{\text{仪}}^2} = \sqrt{0.02^2 + 0.02^2} = 0.029 \text{(mm)}$$

$$U_d = \sqrt{\Delta_{\text{A}}^2 + \Delta_{\text{B}}^2} = \sqrt{0.019^2 + 0.029^2} = 0.035 \text{(mm)} \quad (P = 0.95)$$

2. 密度　$\overline{\rho} = \dfrac{6\overline{m}}{\pi \overline{d}^3} = \dfrac{6 \times 149.52}{3.1416 \times 2.940^3} = 11.24 \text{(g/cm}^3)$

$$E_{\rho} = \sqrt{\left(\frac{U_m}{\overline{m}}\right)^2 + \left(\frac{3U_d}{\overline{d}}\right)^2} = \sqrt{\left(\frac{0.05}{149.52}\right)^2 + \left(\frac{3 \times 0.035}{29.40}\right)^2} = 0.0033$$

$$U_{\rho} = \overline{\rho} \times E_{\rho} = 11.24 \times 3.3 \times 10^{-3} = 0.04 \text{(g/cm}^3) \quad (P = 0.95)$$

$$\rho = \overline{\rho} \pm U_{\rho} = (11.24 \pm 0.04) \text{(g/cm}^3) \quad (P = 0.95)$$

另解　$U_{\rho} = \sqrt{\left(\dfrac{\partial \rho}{\partial m} U_m\right)^2 + \left(\dfrac{\partial \rho}{\partial d} U_d\right)^2} = \sqrt{\left(\dfrac{6}{\pi \overline{d}^3} U_m\right)^2 + \left(\dfrac{18\overline{m}}{\pi \overline{d}^4} U_d\right)^2}$

$$= \frac{6}{3.141\,6 \times 2.940^3} \sqrt{0.05^2 + \left(\frac{3 \times 149.52}{2.940} \times 0.035\right)^2}$$
$$= 0.04\,(\mathrm{g/cm^3})$$

4) 设计题

1. 如图摆放仪器及装置,调节光路,从望远镜中看清标尺像;

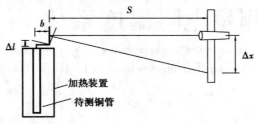

2. 记录初始温度及初始标尺刻度。

3. 升高一定值温度,记录该温度对应的标尺刻度,即可测出铜管微小伸长量 Δl。

4. 计算公式 $\Delta l = \dfrac{\Delta x \cdot b}{2s}$

5. 为准确测量,s 的最小值为

$$s = \frac{\Delta x \cdot b}{2\Delta l} = \frac{1.0 \times 50}{2 \times 0.01} = 2.5\,(\mathrm{m})$$

5

用直流电桥测量电阻温度系数

Measurement of the temperature coefficient of resistance by Wheatstone bridge

（1）实验背景

铜是人类较早使用的金属。早在史前时代，人们就开始采掘露天铜矿，并用获取的铜制造武器、器具和其他器皿，铜的使用对早期人类文明的进步影响深远。铜是一种存在于地壳和海洋中的用途较为广泛的有色金属。利用铜的良好导电性制成的导线广泛地应用于电力和电子工业，主要有传输导线、变压器、电子计算机的集成线路、电动机印刷线路板、耐高温的航天航空导线等领域。铜在不同温度下的电阻有重要的应用意义，所以测量铜的温度系数非常重要。

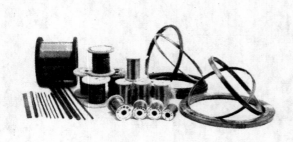

图 5.1　铜电阻

图 5.2　热敏电阻

热敏电阻器是敏感元件的一类，按照温度系数不同分为正温度系数热敏电阻器（PTC）和负温度系数热敏电阻器（NTC）。热敏电阻器的典型特点是对温度敏感，不同的温度下表现出不同的电阻值。正温度系数热敏电阻器（PTC）在温度越高时电阻值越大，负温度系数热敏电阻器（NTC）在温度越高时电阻值越低，它们同属于半导体器件。热敏电阻的主要特点是：①灵敏度较高，其电阻温度系数要比金属大 $10 \sim 100$ 倍，能检测出 10^{-6} ℃的温度变化；②工作温度范围宽，常温器件适用于 $-55 \sim 315$ ℃，高温器件适用温度高于 315 ℃（目前最高可达到 $2\,000$ ℃），低温器件适用于 $-273 \sim -55$ ℃；③体积小，能够测量其他温度计无法测量的空隙、腔体及生物体内血管的温度;④使用方便,电阻值可在 $0.1\sim100$ kΩ 间任意选择;⑤易加工成复杂的形状,可大批量生产;⑥稳定性好、过载能力强。热敏电阻也可作为电子线路元件用于仪表线路温度补偿和温差电偶冷端温度补偿等。利用 NTC 热敏电阻的自热特性可实现自动增益控制,构成 RC 振荡器稳幅电路,延迟电路和保护电路。在自热温度远大于环境温度时阻值还与环境的散热条件有关,因此在流速计、流量计、气体分析仪、热导分析中常利用热敏电阻这一特性,制成专用的检测元件。PTC 热敏电阻主要用于电器设备的过热保护、无触点继电器、恒温、自动增益控制、电机启动、时间延迟、彩色电视自动消磁、火灾报警和温度补偿等方面。

电阻是电学中基本的物理量,电阻值的测量是基本的电学量之一。测量电阻的方法很多,有万用表测量、伏安法测量、电桥法测量等。如图 5.4 测电阻采取的是比较法。其是将被测电阻与标准电阻进行比较而得到的,其测量准确度比较高,同时电桥还具有测试灵敏、使用方便的优点,所以它是一种测量电阻温度系数的常用方法。开设的用直流电桥测量电阻温度系数的实验内容采用了将待测的铜电阻与热敏电阻同装在一个保温容器内,在同一温度点用两台直流电桥分别测量铜电阻的温度 t 及对应温度 t 的 R_t 值与热敏电阻的温度 T 及对应温度 T 的 R_T 值的实验方法,该实验方法的好处在于能更直观比较铜电阻与热敏电阻的温度特性,提高实验效率,节约能源。相对来说增大了实验难度,但却能提高学生的实验技能,是培养学生的物理思想、实验技能的重要手段。

图 5.3 电阻

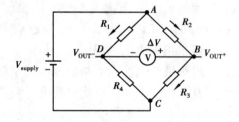

图 5.4 平衡电桥

(2)重点、难点

1)平衡电桥中的单臂电桥(惠斯登电桥 Wheatstone bridge)的测量原理

惠斯登电桥的测量原理如图 5.5 所示,电阻 R_1、R_2、R_3、R_4 连成一个封闭的四边形 $ABCD$,构成一电桥,四边形的每一条边称为"臂",其对角 B、D 分别与检流计 G 连接,称为"桥",其对角 A、C 分别与直流电源 E 正、负极连接,当电桥平衡时,B、D 两点电位相等,无电流通过检流计 G,此时有 $V_B = V_D$,$I_1 = I_4$,$I_2 = I_3$,由此可得:

$$I_1R_1 = I_2R_2 \quad I_3R_3 = I_4R_4 \quad (5.1)$$

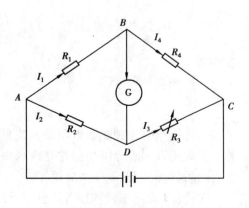

图 5.5 平衡电桥

于是有：

$$\frac{R_1}{R_2} = \frac{R_4}{R_3} \tag{5.2}$$

若 R_4 为待测电阻 R_x，R_3 为标准比较电阻，则有 $R_x = \frac{R_1}{R_2}R_3 = cR_3$，式中 $c = \frac{R_1}{R_2}$，称为比率臂。单臂电桥的比率臂 c 一般为 $\times 10^{-3}$、$\times 10^{-2}$、$\times 10^{-1}$、$\times 1$、$\times 10$、$\times 10^2$、$\times 10^3$ 7 挡。根据 R_x 的标称电阻值选择 c，调节 R_3 使电桥平衡，就可知待测电阻 R_x 的电阻值。铜电阻的比率臂为 $\times 10^{-2}$、热敏电阻的比率臂为 $\times 1$。

2）用两台直流电桥在同一温度点分别测量铜电阻、热敏电阻

用两台直流电桥在同一温度点分别测量铜电阻、热敏电阻的方法就是将待测的铜电阻、热敏电阻同装在一个盛有水的保温容器内，用两根导线将待测的铜电阻连接在一台直流电桥的面板上标记"R_x"的两个接线柱上；用两根导线将待测的热敏电阻连接在另一台直流电桥的面板上标记"R_x"的两个接线柱上。然后确定检测盛有水的保温容器的温度区域，保温容器内的温度升高至大约所需温度值，断电停止给保温容器加热升温，两个同学各操作一台直流电桥，调其电桥平衡，从温度计上读出此时保温容器内的水的温度，并分别从两台直流电桥上读出铜电阻、热敏电阻的阻值。即在确定的温度区域，按此方法测出若干组保温容器内水的温度及其温度对应的铜电阻、热敏电阻的电阻值。

①作铜电阻的 R-t 图（见图5.6），根据图线直线斜率 $k = R_0\alpha$ 和截距 R_0，代入 $R_t = R_0(1 + \alpha t)$，就可求出铜电阻的温度系数 α；

②图5.7内热敏电阻的阻值与温度的关系作热敏电阻 $\ln R_T$-$1/T$ 图（见图5.8），根据图线求出直线斜率 β 和截距 $\ln R_0$，由此曲线可说明热敏电阻的温度特性。

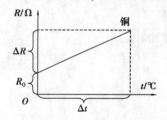 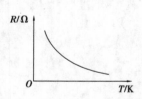 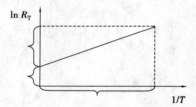

图5.6　铜电阻的 R-t 图　　　图5.7　热敏电阻的 R-T 图　　　图5.8　热敏电阻 $\ln R_T$-$1/T$ 图

（3）操作要点

①将钢丝电阻和热敏电阻放入装有冷水的加热保温容器内，并将它们的两端接在换接开关上。先用万用表分别估测它在冷水中的阻值，再根据此值，适当选用电桥的比率，精确测定它们的阻值，同时记下冷水的温度。

②将加热器接通电源，当其温度比冷水高5 ℃时，断开加热器电源，调 R_3 使电桥平衡（见图5.9）（测量时用电路时通断的方式判断，电桥真正平衡，每次通断检流计指针均为零。）。

先读出温度值,再读 R_3 的阻值。再打开加热器电源,搅拌至温度再上升 5 ℃,重复上述过程。分别测出铜丝电阻(比率臂 0.01)和热敏电阻(比率臂 1)的相应阻值(注意观察温度有无变化),并记录下来。

③分别测出水温和铜丝电阻、热敏电阻的电阻值,一直升温到 50 ℃左右,数据不得少于 6 组。记录表格自拟。

图 5.9　直流电阻电桥画板

测量时要注意:

①当温度计读数升高 5 ℃时,调电阻使电桥平衡这个过程温度将发生变化,如何处理?

关掉加热电阻丝,当电桥平衡时先读出温度值。

②测量时电流表右偏说明 R_3 小,电流表左偏说明 R_3 大。把 R_3 的 4 个旋钮全部调为零,确定电流表的偏转方向,R_3 的阻值偏小。

(4)数据记录及处理

根据记录的温度与电阻,用 Excel 软件处理数据。具体过程见第 3 章,此图中的温度值是举例,以实际的实验读数为准。

(5)例题

用万用表测电阻的标称值为 38 Ω,单臂电桥的比率臂 c 一般为 $\times 10^{-3}$、$\times 10^{-2}$、$\times 10^{-1}$、$\times 1$、$\times 10$、$\times 10^2$、$\times 10^3$ 7 挡。当用单臂电桥精确测其电阻的阻值时,单臂电桥的比率臂 c 应选择_____挡。

答:要满足比较臂 R_3 的最高位的读数不能为零,即比较臂 R_3 的读数为 4 位。单臂电桥的比率臂 c 应选择 $\times 10^{-2}$ 挡。

(6)习题

1)填空题

①惠斯登电桥是根据_____原理制造而成的。

②惠斯登电桥是由_____(4 个电阻),_____(检流计 G)和工作_____(E)组成。

③采用跃接法是判断检流计是否真正_____的好方法。

④用惠斯登电桥测量铜丝电阻温度系数时,始终都要不断搅拌,其目的是使量热器系统的温度处于_____状态。

⑤用单臂电桥测电阻时,首先应根据待测电阻的大小选择_____,其原则是使测定臂的_____电阻盘尽量用上。

2)选择题

①用单臂电桥测电阻时,如果出现下述情况,仍能进行正常测量的情况有(   )。

    A.流计支路不通(断线)

    B.一个桥臂阻值恒为"0"(短路)

    C.有一个桥臂阻值为"无穷大"(断路)

    D.电源的正负极性调换

②如果一个未知电阻的阻值为 $180 \sim 200 \ \mathrm{k}\Omega$,当用单臂电桥进行测定时,比率臂应选择(   )。

    A. ×10 挡   B. ×0.1 挡   C. ×100 挡   D. ×0.01 挡

③在单臂电桥的原理电路中,如将电源与检流计的位置互换,则电桥的平衡条件_____。

    A.发生变化   B.不变   C.不一定   D.以上都不是

④用惠斯登电桥测中等阻值的电阻,当电桥平衡时有 $R_x = (R_1/R_2)R_3$ 关系式成立,试从下列因素中选取影响 R_x 误差的原因是(   )。

    A.电源电压有微小变化   B.检流计灵敏度太低

    C.检流计刻度不均匀   D.检流计零点未校准

⑤设 (t_1, R_1) 和 (t_2, R_2) 为铜丝的 R-t 图上相距较远的两点坐标,R_0 为 $t = 0$ 度时的电阻值,则直线的斜率 $k =$ _____,铜丝的电阻温度系数 $\alpha =$ _____。

    A. $(t_2 - t_1)/(R_2 - R_1)$,R_0/k B. $(t_2 - t_1)/(R_2 - R_1)$,k/R_0

    C. $(R_2 - R_1)/(t_2 - t_1)$,R_0/k D. $(R_2 - R_1)/(t_2 - t_1)$,k/R_0

⑥在使用直流单臂电桥测量电阻温度系数的实验中,为了使升温均匀以保证温度计测量值与待测电阻温度尽可能一致,通常采用的办法是(   )。

    A.加快升温速度   B.待测电阻尽量靠近加热器

    C.不断搅拌液体   D.温度计的测温泡和待测电阻尽量远一些

⑦惠斯登电桥平衡时的总电阻包括_____、_____和_____3 部分。

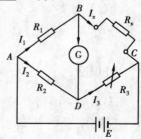

    A.待测电阻;引线电阻;电桥电阻

    B.待测电阻;引线电阻;接触电阻

    C.引线电阻;电桥电阻;接触电阻

    D.接触电阻;电桥电阻;待测电阻

3)问答题

为什么精确测量电阻的阻值一般用电桥检测而不用伏安法或万用表的欧姆挡检测?

图 5.10

4）计算题

如图5.10所示，$R_1 = 1$ kΩ，$R_2 = 9$ kΩ，当 $R_3 = 5.62$ kΩ 时检流计指示为零（即电桥平衡），求此时待测电阻 R_x 的值；当电源 E 的电压降低后，说明其对待测电阻 R_x 的值将有何影响。

（7）参考答案

1）填空题

①比较　　②桥臂　桥　电源　　③指零　　④均匀　　⑤比率臂—最大

2）选择题

①D　　②C　　③B　　④B；D　　⑤D　　⑥C　　⑦B

3）问答题

答：电桥是一种比较式测量仪器，其是利用平衡条件下将待测电阻与标准电阻进行比较而确定其待测电阻的，并采用具有高灵敏度的检流计作为判断电桥平衡的依据，因而测量精度高。

若用伏安法测电阻，由于其检测手段是通过先测得电阻两端的电压值和测得流过电阻的电流值，再将其值代入公式通过计算而获得待测电阻值，而所检测的电压表、电流表都存在内阻，两检测表连接在检测线路中必然给检测带来误差；另外，其方法的检测线路也存在缺陷，所以检测电阻误差较大。万用表也存在内阻，如果用万用表的欧姆挡检测电阻，同样出现类似伏安法检测电阻误差大的问题，万用表的制作材料和设计与工艺结构等缺陷也是造成测量电阻误差大的原因。

4）计算题

解　由电桥的平衡条件可知：

$$R_x = \frac{R_1}{R_2} \cdot R_3 = \frac{1}{9} \times 5.62 \text{ kΩ} = 0.624 \text{ kΩ} = 624 \text{ Ω}$$

由于电桥平衡时，待测电阻 R_x 的值仅与 R_1、R_2 和 R_3 值有关，而与电源电压的值无关，所以，当电源 E 的电压降低后对待测电阻 R_x 的值将没有影响。

6

电子示波器的使用

Oscilloscope

(1)实验背景

示波器(全称阴极射线示波器)是一种用途广泛的电子测量仪器,它能将人肉眼无法直接观测的物理量转变为电信号或转换成图像信号,并显示在荧光屏上,便于人们研究各种电现象的变化过程。利用示波器既能直接观察电信号的波形,也能测定电信号的幅度、周期和频率等参数,用双踪示波器还可以测量两个信号之间的时间差或相位差,是观察数字电路实验现象、分析实验中的问题、测量实验结果必不可少的重要仪器。示波器利用狭窄的、由高速电子组成的电子束,打在涂有荧光物质的屏面上,就可以产生细小的光点。由于阴极射线的惯性小,又能在示波器上显示可见的图像,所以示波器特别适用于观测瞬时变化过程(动态的波形变化)。例如,从交流信号的波形图上,可以很容易地观察到交流信号随时间变化的规律,并且很容易从波形图上测出它的电压峰-峰值(U_{p-p})、周期(T)、相位差(φ)等参数。加上传感器,凡能转化为电压信号的电学量和非电学量都能用示波器来观测,如声波、心率、体温、血压等随时间变化的过程。

(2)重点、难点

1)基本结构

一般示波器主要由4部分组成,即电子示波管、扫描整步装置、衰减系统和电压放大系统、电源等,其结构方框图如图6.1所示,其中示波管是电子示波器中最重要的核心部件。

①示波管。如图6.1所示,作为示波器的心脏,示波管主要由电子枪、偏转系统和荧光屏3部分组成,全都密封在玻璃外壳内,里面抽成真空。

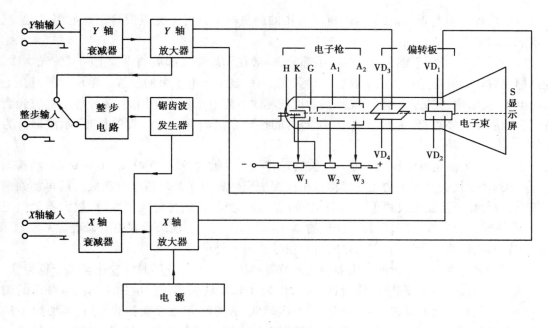

图 6.1　示波器基本结构示意图

A.电子枪。电子枪由灯丝 H、阴极 K、控制栅极 G、第一阳极 A_1、第二阳极 A_2 共 5 部分组成。

a.阴极 K——电子射线的发源地。阴极是一个表面涂有氧化物的金属铜,灯丝 H 通电后发热,使阴极受热后发射大量电子并经栅极孔射出。

b.控制栅极 G——亮度控制。控制栅极是一个顶端有小孔的圆筒,套在阴极外面。栅极 G 与阳极 K 之间通常加上一负电压,即 $U_K > U_G$,调节电位器 W_1 可改变它们之间的电势差。对阴极发出的电子起阻碍作用,只有初速度较大的电子才能穿过栅极顶端的小孔后在阳极加速下奔向荧光屏。调节栅极电压可控制通过栅极的电子数目从而实现亮度调节:如果 G、K 间的负电压的绝对值越小,通过 G 的电子就越多,电子束打到荧光屏上的光点就越亮。示波器面板上的"辉度"W_1 调整就是通过调节电位以控制射向荧光屏的电子流密度,从而改变屏上的光斑亮度。

c.第一阳极 A_1——聚焦。第一阳极 A_1 电位比阴极电位高很多,通常有几百伏的电压,可用电位器 W_2 调节,而且形状特殊,产生的电场形成电子透镜。调节 W_2 除了能加速电子外,主要是为了达到聚焦电子的目的,因此也称聚焦阳极。面板上的"聚焦"调节,就是调第一阳极电位,使荧光屏上的光斑成为明亮、清晰的小圆点。W_2 即为示波器面板上的聚焦旋钮。

d.第二阳极 A_2——电子加速。第二阳极电压更高,A_2 与 K 之间的电压为 1 千伏以上,可通过电位器 W_3 调节,聚焦后的电子束经过这个高压电场的加速获得足够的动能而成为一束高速的电子束,因此称 A_2 为加速阳极。A_2 与 K 之间的电压还有辅助聚焦的作用,有的示波器有辅助聚焦,实际是调节第二阳极电位,示波器面板上设有 W_3,并称其为辅助聚焦旋钮。

B.偏转系统。偏转系统由两队互相垂直的偏转板组成:水平(X 轴)偏转板由 VD_1、VD_2 组成,垂直(Y 轴)偏转板由 VD_3、VD_4 组成。偏转板加上电压后可改变电子束的运动方向,从而可改变电子束在荧光屏上产生亮点的位置。容易证明,电子束在荧光屏上产生亮点偏转的距离与偏转板上的电压成正比,因而可将电压的测量转化为屏上亮点偏移距离的测量,这就是示波器测量电压的原理。

C. 荧光屏。荧光屏是示波器的显示部分,一般在示波器底部玻璃内涂上一层荧光物质,经过加速聚焦后的电子打在上面就会发出荧光,从而显示出电子束的位置。单位时间打在上面的电子越多,电子的速度越大,光点的辉度就越大。当电子停止作用后,荧光屏上的发光会持续一段后才会停止,称为余辉效应,所需时间称为余辉时间。按余辉的长短,示波器分为长、中、短余辉 3 种。

②X 轴与 Y 轴衰减器和放大器。示波管偏转板的灵敏度较低(为 0.1~1 mm/V),当输入信号电压不大时,荧光屏上的光点偏移很小而无法观测。因而要对信号电压放大后再加到偏转板上,为此在示波器中设置了 X 轴与 Y 轴放大器。当输入信号电压很大时,放大器无法正常工作,使输入信号发生畸变,甚至使仪器损坏,因此在放大器前级设置有衰减器。X 轴与 Y 轴衰减器和放大器配合使用,以满足对各种信号观测的要求。

③锯齿波发生器。锯齿波发生器能在示波器本机内产生一种随时间变化类似于锯齿状、频率调节范围很宽的电压波形,称为锯齿波,作为 X 轴偏转板的扫描电压。锯齿波频率的调节可由示波器面板上的旋钮控制。锯齿波电压较低,必须经 X 轴放大器放大后,再加到 X 轴偏转板上,使电子束产生水平扫描,即使显示屏上的水平坐标变成时间坐标,来展开 Y 轴输入的待测信号。

2)扫描原理

示波器能使一个随时间变化的电压波形显示在荧光屏上,是靠两对偏转板对电子束的控制作用来实现的。由示波管的原理可知,如果偏转板上不加电压,则电子束将聚焦于荧光屏而形成一个光点。如果偏转板上加有电压,则电子束的运动方向将会发生偏转,从而使电子束在荧光屏上的光点位置也随之变化。容易证明,在一定范围内,光点的位移与偏转板上所加电压成正比,因而可将电压的测量转化为屏上光点偏移距离的测量。

如果只在竖直偏转板(Y 轴)上加一正弦信号 $U_y = U_{ym}\sin \omega t$,$X$ 轴不加锯齿波信号,则电子束产生的光点只作上下方向上的振动。电压频率较高时就形成一条竖直的亮线 cd,如图 6.2 所示。

如果竖直偏转板(Y 轴)上不加电压,而水平偏转板(X 轴)上加一个随时间周期性变化的电压,即"锯齿波电压"(Sawtooth wave),$U_x = U_{xm}t$。当 $U_x = 0$ 时电子在电场 E 的作用下偏至 a 点,随着 U_x 线性增大,电子向 b 偏转,经一周期时间 T_x,U_x 达到最大值 U_{xm},电子偏至 b 点。下一周期,电子将重复上述扫描,当频率足够高时,则荧光屏上只显示一条水平亮线 ab。如图 6.3 所示。

如果在竖直偏转板上(Y 轴)加正弦电压,同时在水平偏转板上(X 轴)加锯齿波电压,电子受竖直、水平两个方向的力的作用,电子的运动就是两相互垂直的运动的合成。当锯齿波电压与正弦电压的周期完全一致时,在荧光屏上将能显示出完整周期的正弦电压的波形图,如图 6.4 所示。

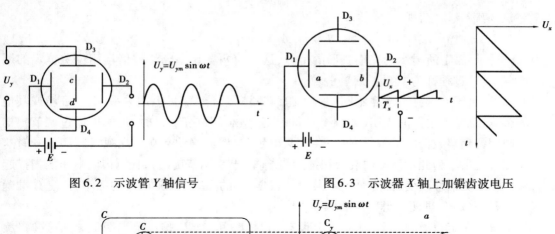

图 6.2 示波管 Y 轴信号　　　　　图 6.3 示波器 X 轴上加锯齿波电压

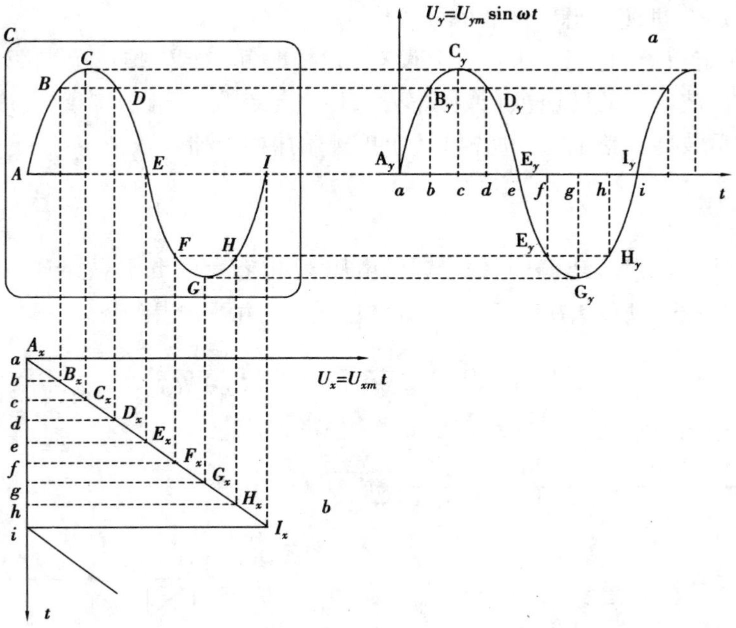

图 6.4 示波器显示波形的原理(X 轴加锯齿波,Y 轴加正弦波)

综上所述,这种将 Y 偏转板上的电压 U_y 的变化规律沿 X 偏转板上"展开"的过程称为"扫描"。扫描系统(又称时基电路)就是用来产生一个随时间作线性变化的扫描电压,使屏上的水平坐标变成时间坐标,Y 轴输入的被测信号波形就可以在时间轴上展开,扫描系统是示波器显示被测电压波形必需的重要组成部分。

3)整步原理

由图 6.4 可看出,U_x 与 U_y 的周期相同时,光点扫完整个正弦曲线后锯齿波电压随即复原,同时又扫出一条与先前完全重合的正弦曲线。如果正弦波和锯齿波电压的周期稍微不同,那么每次扫出的曲线与先前的曲线不重合,屏上出现的图形是一移动着的不稳定的曲线,这种情况在示波器使用过程中经常会出现。其原因是扫描电压的周期与被测信号的周期不相等或不成整数倍,以至每次扫描开始时波形曲线上的起点均不一样所造成的。

为了使屏上的图形稳定,必须使 U_x 的频率与 U_y 的频率严格相同或为整数倍关系,图形

43

才会完整、清晰且稳定,即:

$$f_y = nf_x \text{ 或 } T_x = nT_y \tag{6.1}$$

式中 n——屏幕上所显示的完整波形的个数,这种使两者频率成整数倍且相位差恒定的调节过程称为"整步"或"同步"。

实际上,由于 U_x 与 U_y 来自不同的震荡源,其频率比不易满足上述关系,而且环境或其他因素的影响,也使得它们的周期(或频率)可能发生微小的改变。这时,虽然可通过调节扫描旋钮将周期调到整数倍的关系,但过一会儿又变了,波形又移动起来。在观察高频信号时这种问题尤为突出。为此示波器内装有扫描同步装置(电平调节旋钮),让锯齿波电压的扫描起点自动跟着被测信号改变,称为"整步"装置。根据 U_y 的频率 f_y 调节 U_x 的频率 f_x,使 f_x 准确地等于 f_y 的 $1/n$ 倍,进而获得稳定的信号波形。

为了获得一定数量的波形,示波器上设有"扫描时间"(或"扫描范围")、"扫描微调"旋钮,用于调节锯齿波电压的周期 T_x(或频率 f_x),使之与被测信号的周期 T_y(或频率 f_x)成合适的关系,从而在示波器屏幕上得到所需数目的完整的被测波形。

4)相位差测量

在如图 6.5 所示的 RC 电路中,信号源的电压 U、电容上的电压 U_C 与电阻上的电压 U_R 之间的相位关系如图 6.6 所示,U 落后于 U_R 的相位角 φ,由下式得到:

$$\varphi = -\arctan \frac{1}{\omega RC} = -\arctan \frac{1}{2\pi fRC} \tag{6.2}$$

在实验上,相位角 φ 可以采用双踪示波器技术来测量。

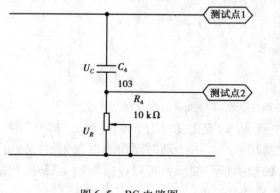 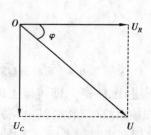

图 6.5 RC 电路图　　　　图 6.6 RC 电路的相位关系

(3)操作要点

本实验的关键是要熟练操作示波器上的各个功能开关、旋钮,而在实验中因时间有限,不可能做到这一点。所以,需要在实验前充分预习,以便于更好地完成实验。

首先,打开示波器电源,在大约 15 s 后,出现扫描光迹。

①调节"垂直位移"旋钮,使光迹移至荧光屏观测区域的中央。

②调节"辉度(INTENSITY)旋钮"将光迹的亮度调至所需程度。

③调节"聚焦(FOCUS)旋钮",使光迹清晰。

④打开信号发生器,并将信号发生器与示波器进行正确连接。

1)交流电压测量

①按要求在信号发生器中设置输出正弦波的电压和频率。注意:信号发生器中设置的电压为峰-峰值电压 V_{P-P},如图 6.7 所示,应是正弦波电压信号振幅的两倍。如果要求振幅为 1 V,则要求峰-峰值电压 V_{P-P} 设置为 2 V。

②将信号发生器输出端子插入电子示波器的"CH1 输入(X)",并在"垂直方式"中选择"CH1";将"AC-GND-DC"开关置于 AC 位置;将"电平"置于"自动";垂直微调旋钮顺时针旋到底。

③为了便于信号的观察,将垂直方式中的"VOLTS/DIV"和水平中的"TIME/DIV"调到适当的挡位。

④根据需要调整 CH1 的垂直位置和水平位置旋钮,以整体将波形图沿竖直方向和水平方向进行平移,方便读数。

例如,从图 6.7 所示的图形中读出幅度并用公式计算得出 V_{P-P}。将垂直偏转因数(VO-LTS/DIV)置"0.5 V/div"位置,所测得波形峰-峰值为 6 格。则测量出的 $V_{P-P}=0.5(\text{V/div})\times 6(\text{div})=3$ V,其电压振幅为 1.5 V。

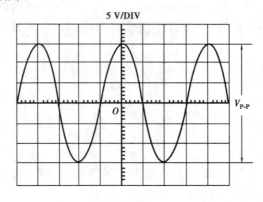

图 6.7 交流电压测量

2)交流电频率测量

①按照要求在信号发生器中设置输出的正弦波电压和频率。

②调节脉冲波形的垂直位置,使脉冲波形的顶部和底部距刻度水平线的距离相等,如图 6.8 所示。

③调节"Time/DIV"开关到合适位置,使扫描信号光迹易于观测。

④选择 n 个完整周期的波形,并读出相应的水平刻度线对应的格数 d。

⑤根据公式 $f=\dfrac{1}{T}=\dfrac{n}{d\times(\text{TIME/DIV})\text{设定值}}$ 算出对应的信号频率。

例如:如图 6.8 所示,可选择 3 个完整周期的波形,即 $n=3$,读出相应的宽度 $d=8.1$,如果水平灵敏度为 0.5 ms/DIV,则相应频率为: $f = \dfrac{3}{8.1 \times 0.5 \times 10^{-3}}$ Hz $= 7.4 \times 10^2$ Hz。

3)相位差测定

①按照电路图连接好电容和电阻,并将电容和电阻信号分别输入到 CH1 和 CH2 中,并在"垂直方式"中选择"双踪"。

②分别调节两个波形的垂直方式中的"VOLTS/DIV",使两个波的振幅相等(等高),即 $V_{P\text{-}P}$ 一致。

③调节"Time/DIV"开关,使显示的正弦波波形大于 1 个周期,如图 6.9 所示。并调节水平"扫描微调"旋钮,使显示屏上波形的一个周期占 8 格。

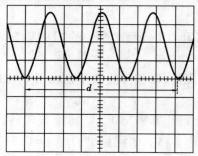 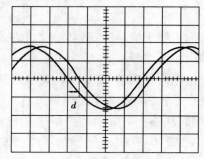

图 6.8　示波器屏幕上显示的 3 个完整波形　　　图 6.9　示波器相位差测定示意图

④分别调整两个波的垂直位置,使其平衡位置与中间时间基线重合,读出两列波与水平基线交点间距离 d。

⑤根据结果计算相位差。

(4)数据记录及处理

①从图中读出正弦波信号的峰-峰值电压对应的格数,计算对应的峰-峰值电压,并与信号发生器输入电压相比较得出测量误差。

②从显示屏中读出 n 个完整周期对应的格数,根据公式:

$$f = \frac{1}{T} = \frac{n}{d \times (\text{TIME/DIV})\text{设定值}} \tag{6.3}$$

计算得出测量频率,并与信号发生器输入频率比较,得出测量误差。

③如图 6.9,从图中读出两列波平衡位置与水平基线间交点距离,或者波峰之间的距离 d,因为一个周期对应的相位差为 360°,一个周期在水平线上显示为 8 格,因此 1 格刻度代表波形相位差为 45°,故相位差 $\Delta\Phi = (\text{div})$ 数 $\times 2\pi/8$ div/周期 $= 0.6 \times 360°/8 = 27°$。

根据公式:

$$\varphi = -\arctan\frac{1}{\omega RC} = -\arctan\frac{1}{2\pi fRC} \tag{6.4}$$

算出理论相位差,并计算相对误差。

（5）难点

1）基本操作

（本实验关键要熟练操作示波器上的各个功能开关、旋钮,而在实验中时间有限,不可能做到这一点。所以给出 YB4320F 型示波器(图6.10)并逐一说明。学生们在做实验前要充分预习,以便更好地完成实验。)

按表6.1设置仪器的开关及控制旋钮或按键。

表6.1

项　目	编　号	设　置	用　　途
电源	3	弹出	电源开关
辉度	1	适中	控制光点和扫描线亮度
聚焦	2	适中	调节光电和扫描线的清晰程度
垂直方式	30	CH1	选择信号的显示模式
垂直位移	29,31	适中	调节波形在竖直方向平移
CH2 反相	28	弹出	按下时 CH2 显示反相信号
VOLTS/DIV	4,9	适中	选择垂直信号的灵敏度(每格代表的电压)
微调	8,13	顺时针到底	调整垂直信号的灵敏度,一般需要顺时针旋到底
AC-DC	5,10	AC	信号输入类型
接地	6,12	弹出	按下时表示断开此信号
交替触发	18	弹出	按下时屏幕交替显示两路不相干信号
触发耦合	19	AC	触发耦合方式选择
触发源	20	CH1	选择信号触发源
电平锁定	22	按下	无论信号如何变化,触发电平自动保持最佳位置
触发方式	23	自动	选择信号触发方式
释抑	25	最小	电平无法稳定触发时,可以使波形稳定同步
TIME/DIV	14	适中	扫描时间系数选择开关(每格代表的时间)
扫描微调	15	顺时针到底	调整水平信号的灵敏度,一般需要顺时针旋到底
水平位移	27	适中	调节波形在水平方向平移
X5 扩展	26	弹出	按下时扫描时间是 TIME/DIV 指示数值的 1/5
X-Y	21	弹出	按入时垂直信号输入 CH2,水平信号输入 CH1

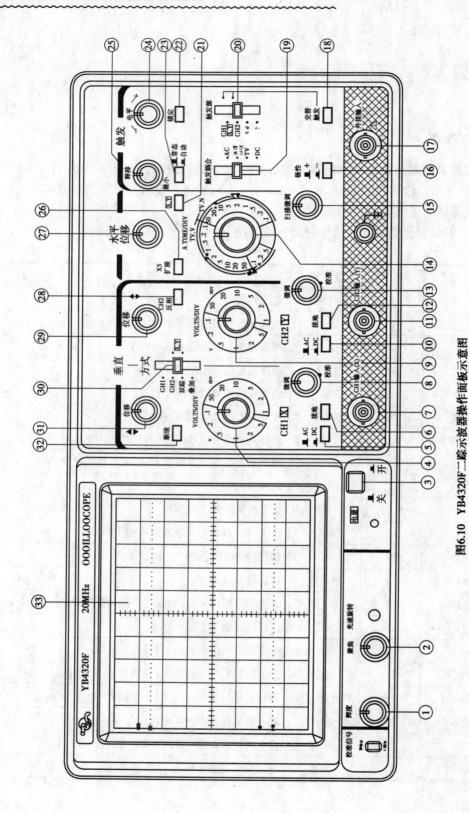

图6.10 YB4320F二踪示波器操作面板示意图

按表 6.1 设定了开关和控制按钮后,将电源线接到交流电源插座,然后按下述步骤操作。

①打开电源开关,确定电源指示灯变亮,约 20 s 后,示波管屏幕上会显示光迹,如 60 s 后仍未出现光迹,应按表 6.1 检查开关和控制按钮的设定位置。

②调节辉度和聚焦旋钮,将光迹亮度调到适当,且最清晰。

③调节 CH1 位移旋钮及光迹旋转旋钮,将扫线调到与水平中心刻度线平行。

④将探极连接到 CH1 输入端,将 $V_{\text{P-P}}$ 校准信号加到探极上。

⑤将 AC-DC 开关拨到 AC,屏幕上将会出现如图 6.4 所示的波形。

⑥调节聚焦旋钮,使波形达到最清晰。

⑦为便于信号的观察,将 VOLTS/DIV 开关和 TIME/DIV 开关调到适当的位置,使信号波形幅度适中,周期适中。

⑧调节垂直移位和水平移位旋钮到适中位置,使显示的波形对准刻度线且电压幅度 $(2V_{\text{P-P}})$ 和周期(T)能方便读出。

(6)例题

例题 1 某同学将示波器工作模式置于 X-Y 工作模式,然后在示波器的 Y_A 输入端和 Y_B 输入端分别输入如图 6.11、图 6.12 所示信号。

图 6.11

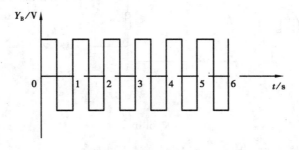

图 6.12

①请画出示波器屏幕上可能出现的波形,并解释原因。

②如果 Y_A 信号周期增加 1 倍,示波器屏幕上应出现几个波形。

解

①示波器上应当出现一个完整周期的方波,如图 6.13 所示。

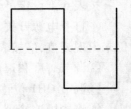

原因:X-Y 工作模式下,Y_A 输入端的信号加在水平偏转板上,又由于其是锯齿波电压信号,因此其起着扫描电压的作用。

Y_B 输入端的信号加在垂直偏转板上,又 Y_A 和 Y_B 的信号周期(或)频率相同,因此示波器屏幕上应当出现一个完整的方波。

② 2 个。

图 6.13

例题 2 已知 RC 回路中电容放电规律是 $U_c = E(1 - e^{\frac{t}{\tau}})$,式中,$\tau = RC$ 是时间常数。某同学欲使用上述规律测量电容值大小,其测量方案如图 6.14 所示,试问:

①示波器应该如何连接?

②如果要观察电阻 R 两端的信号波形,示波器又该如何连接?

③给出测量步骤。

解

①示波器的连接方式如图 6.15 所示。

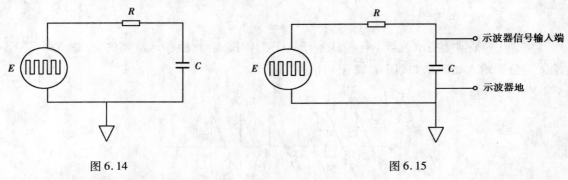

图 6.14   图 6.15

②示波器的连接方式如图 6.16 所示。

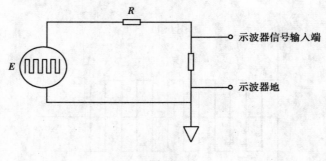

图 6.16

③a. 首先按图 6.15 连线,信号选方波。

b. 调节电阻箱 R 和示波器扫速旋钮,使示波器屏幕上出现一个完整的充放电波形,如图 6.17 所示。

c. 读出信号的幅度 H,从底部起,确定 $0.368H$ 所在的位置。

d. 读出从开始放电到下降到 $0.368H$ 所用的时间 τ。

e. $C = \dfrac{\tau}{R}$。

例题 3 某同学用示波器测相位差实验时,通过调节扫描速度旋钮,将 2 个周期的电流信号调节为水平方向在屏幕上占 10 格,然后读得相位差数据为 0.5 格,请问信号相位差是多少?

解 $\varphi = \dfrac{720°}{10} \times 0.5 = 36°$。

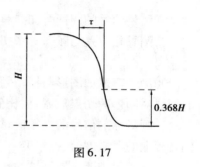

图 6.17

(7) 思考题

①示波器上观察到的正弦波形和李萨如图形实际上分别是哪两个波形的合成?

②用示波器观察待测信号的波形和用示波器观察李萨如图形时,示波器的工作方式有什么不同?

③当开启示波器的电源开关后,在屏上长时间不出现扫描线或点时,应如何调节各旋钮?

④如果 Y 轴信号的频率 x_f 比 X 轴信号的频率 y_f 大很多,在示波器上会看到什么情况?相反又会看到什么情况?

⑤在实验中学习了李萨如图形,你觉得这种方法在日常生活中可以用来测量什么东西?举出实例?

⑥用示波器测量信号频率有什么优点?

(8) 习题

1) 填空题

①电子示波器是由_____和_____等组成。

②示波器的核心是_____,示波管是由_____、_____、_____等组成。

③要使荧光屏上显示出一个完整的正弦信号或正弦波,首先必须在水平偏转板上加上一个_____,在 Y 偏转板上加上一个_____。

④当 X 轴上的扫描周期是 Y 轴输入信号周期的_____倍时,荧光屏上将稳定地出现 N 个周期的 U_y 函数波形。

⑤当选择触发电路工作方式开关置于_____时,X 轴扫描是连续进行的,称为连续扫描。

⑥在测量脉冲信号时,则应采用触发扫描方式,此时工作方式开关置于_____或_____位置。

⑦测量信号的电压值时,电压_____旋钮必须放在校准位置上。

⑧测量信号的周期时,时间转换开关微调旋钮必须放在_____位置上。

⑨测量相位差与频率有密切关系。频率越高,相位差越_____;频率越低,相位差越_____。

⑩测量李萨如图形与振动频率之间的关系,X方向的切线对图形的切点数 N_x 与 Y 方向的切线对图形的切点数 N_y 的比值 $N_x/N_y = f_y/f_x$ 之间必须呈_____关系。

⑪测量标准信号的电压值时,如把 y 偏转板上灵敏度值增大,振幅变_____;如减小 y 偏转板上的灵敏度值,振幅变_____。

⑫为了保护荧光屏不被灼伤,使用示波器时,光点亮度不能_____,而且也不能让_____长时间停在荧光屏上的一点上。

⑬在实验过程中,如果短时间不使用示波器,可将_____旋钮反时针方向旋至尽头,截止电子束的发射,使光点消失,不要经常_____示波器的电源,以免缩短示波器的使用寿命。

⑭示波器的_____频率远大于或远小于 Y 轴的_____信号的频率时,屏上图形将是_____。

⑮用示波器可以直接观察_____波形,并测定_____的大小,因此,一切可转化为_____的电学量以及它们随_____的变化过程都可以用示波器来观测。

⑯由于_____的惯性小,又能在_____上显示出可见的图像,所以示波器特别适用于观察_____变化过程。因此示波器是一种常用的电子测量仪器。

⑰电子枪是由_____、_____、_____、_____和_____构成。

⑱调节_____和_____之间的电位差就可以控制荧光屏上的光点亮度(也称为辉度的变化),这称为辉度调节。

⑲改变第一阳极电压可改变电场分布,从而改变电子束在荧光屏上聚焦程度,即改变荧光屏上_____的大小,这就成为聚焦调节。

⑳偏转板:为使电子束能够达到荧光屏上的任何一点,在示波管内装有两对互相垂直的极板。第一对是_____板 Y_1Y_2,第二对是_____板 X_1X_2。

㉑荧光屏:玻璃泡前端的内壁涂有_____物质,它在吸收打在其上的电子动能之后即辐射可见光,在电子轰击停止后,发光仍能维持一段时间,称为_____效应。

㉒电压放大与衰减装置包括_____、_____、_____、_____。

㉓调节扫描信号的频率,使其与输入信号的频率呈整数倍的调整过程称为_____或_____,也称_____。

2)选择题

①示波器的主要组成部分有( )。

  A.电子示波管   B.扫描及整步装置

  C.放大与衰减装置   D.电源

②示波器显示图像的关键部件是( )。

  A.示波管   B.电子枪

  C.偏转极   D.光电管

③关于示波器,正确的说法是(　　)。

　　A. 示波器偏转板上加有电压,电子束的方向就不会发生偏转

　　B. 电子束是在偏转电场的作用下发生偏转的

　　C. 在一定范围内,荧光屏上亮点的位移与偏转板上所加电压大小成正比

　　D. 在一定范围内,荧光屏上亮点的位移与偏转板上所加电压大小成反比

④如果单独把锯齿波电压加在 X 偏转板上而 Y 偏转板上不加任何电压信号,那么,在荧光屏上看到的是(　　)。

　　A. 一个光点　　　　　　　　　　B. 一条竖直的亮线

　　C. 一条水平亮线　　　　　　　　D. 锯齿波形

⑤如果在 Y 偏转板上加一个随时间成周期性变化的正弦波电压,则(　　)。

　　A. 在荧光屏上的亮点在垂直方向上作正弦振动

　　B. 由于发光物质的余辉现象和人眼的视觉残留效应,在荧光屏上将看到一条垂直的亮线段

　　C. 在荧光屏上的亮点在垂直方向上获得扫描线

　　D. 垂直的亮线段的长度与正弦波的峰值成反比

　　E. 垂直的亮线段的长度与正弦波的峰-峰值成正比

⑥关于示波器显示波形的说法正确的有(　　)。

　　A. 在 Y 轴加一正弦变化电压

　　B. 在 X 偏转板上加扫描电压

　　C. 扫描电压和正弦电压周期完全一致

　　D. 荧光屏上显示的图形是一个完整的正弦波

　　E. 荧光屏上显示的图形不可能是一个完整的正弦波

⑦调节扫描信号的频率使其与输入信号的频率成整数倍的调整过程称为(　　)。

　　A. 共振　　　　B. 整步　　　　C. 同步　　　　D. 触发

3) 问答题

某同学将示波器工作模式置于 X-Y 工作模式,然后在示波器的 Y_A 输入端和 Y_B 输入端分别输入图 6.18 所示信号。

a. 请画出示波器屏幕上可能出现的波形,并解释原因。

b. 如果 Y_A 信号周期增加 1 倍,示波器屏幕上应当出现几个波形。

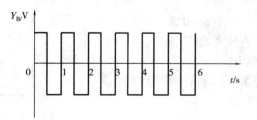
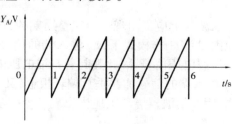

图 6.18

（9）参考答案

1）填空题

①示波管、电子线路

②示波管、电子枪、偏转板、荧光屏

③锯齿波、正弦波

④N 的整数倍

⑤激发或自激

⑥AC 或 DC

⑦微调

⑧校准

⑨越小、越大

⑩整数倍

⑪减小、增大

⑫太强、亮点

⑬辉度、通断

⑭扫描，正弦波，矩形亮块

⑮电压、电压、电压、时间

⑯电子射线、荧光屏、瞬时

⑰灯丝、热阴极、控制栅极、加速极、第一阳极、第二阳极

⑱栅板、阴极

⑲光点

⑳垂直偏转、水平偏转

㉑发光、余辉

㉒X 轴放大器、Y 轴放大器、X 轴衰减器、Y 轴衰减器

㉓同步、整步、触发

2）选择题

①ABCD　②A　③BC　④C　⑤ABE　⑥ABCD　⑦BC

3）问答题

a. 示波器上应当出现一个完整周期的方波。如图 6.19 所示。

原因：X-Y 工作模式下，Y_A 输入端的信号加在水平偏转板上，又由于它是锯齿波电压信号，因此其起着扫描电压的作用。

Y_B 输入端的信号加在垂直偏转板上，又 Y_A 和 Y_B 的信号周期（或）频率相同，因此示波器屏幕上应当出现一个完整的方波。

b. 2 个。

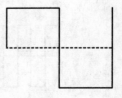

图 6.19

7

铁磁材料磁化曲线与磁滞回线的测绘

Magnetization cure and magnetic hysteresis loop of ferro magnetic materials

（1）实验背景

铁磁物质是一种性能特异、用途广泛的材料（图7.1）。航天、通信、自动化仪表及控制等都无不用到铁磁材料（铁、钴、镍、钢以及含铁氧化物均属铁磁物质），其特征是在外磁场作用下能被强烈磁化，故磁导率 μ 很高。另一特征是磁滞，即磁化场作用停止后，铁磁质仍保留磁化状态。因此，研究铁磁材料的磁化性质，不论在理论上，还是在实际应用上都有重大意义。

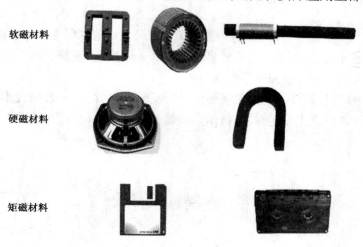

软磁材料

硬磁材料

矩磁材料

图7.1　磁性材料

磁滞回线具有结构灵敏的性质，很容易受各种因素的影响。磁滞回线的产生则是由于技术磁化中不可逆过程引起的，这种不可逆过程在畴壁移动和磁畴转动的过程中都可能发生。磁滞回线所包围的面积表示铁磁物质磁化循环一周所需消耗的能量，这部分能量往往转化为热能而被消耗掉。磁滞回线反映了铁磁质的磁化性能。它说明铁磁质的磁化是比较复杂的，铁磁质的 M、B 和 H 之间的关系不仅不是线性的，而且不是单值的。也即对于一个确定的 H、

M、B 的值不能唯一确定,同时还与磁化历史有关。

不同的铁磁材料有不同形状的磁滞回线,不同形状的磁滞回线有不同的应用。例如永磁材料要求矫顽力大,剩磁大;软磁材料要求矫顽力小;记忆元件中的铁芯则要求适当低的矫顽力。为了满足生产、科研中新技术的需要,就要研制新的铁磁材料使它们的磁滞回线符合应用的要求。磁滞回线为选材提供了依据。由于 B-H 磁滞回线所围面积与磁滞损耗成正比,在交流电器中磁滞损耗是有害的,它的存在既浪费了电能又使铁芯发热,对设备不利,所以软磁材料的磁滞回线所围面积要尽量减小,以减少损耗。

(2)重点、难点

1)起始磁化曲线与饱和磁滞回线

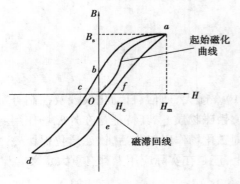

图 7.2 中原点 O 表示磁化前铁磁材料处于磁中性状态。当磁场 H 从零开始增加时,磁感应强度 B 随之缓慢上升,继之 B 随 H 迅速增长,其后 B 的增长又趋缓慢,当 H 增加到 H_m 时,B 达到饱和值 B_s,从 O 到达饱和状态 a 这段 B-H 曲线,称为起始磁化曲线。

在图 7.3 中,当 H 从 H_m 减小时,B 也随之减小,但不沿原曲线返回,而是沿另一曲线 ab 下降。当 H 下降为零时,B 不为零。使磁场反向增加到 $-H_c$ 时,材料中的磁感应强度 B 下降为零,继续增加反向磁场到 $-H_m$,B 又达到饱和值 $-B_s$。逐渐减小反向磁场直

图 7.2　磁滞回线

至为零,再加上正向磁场直至 H_m,则磁感应强度沿 $defa$ 变化,于是得到一条闭合曲线 $abcdefa$,这条曲线称为铁磁材料的饱和磁滞回线。

对同一铁磁材料,选择不同的磁场强度进行反复磁化,可得一系列大小不同的磁滞回线,再将各磁滞回线的顶点连接起来,所得的曲线被称为基本磁化曲线(见图 7.3)。

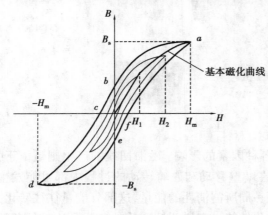

图 7.3　基本磁化曲线与饱和磁滞回线

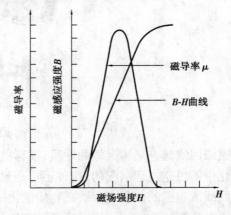

图 7.4　磁性材料的 B-H 曲线

2) **磁导率**

$$\mu = \frac{B}{H} \qquad\qquad (7.1)$$

因 B 与 H 非线性,故铁磁材料的 μ 不是常数而是随 H 而变化,如图7.4所示。铁磁材料的相对磁导率可高达数千乃至数万,这一特点是其用途广泛的主要原因之一。

3) **示波器显示 $B\text{-}H$ 曲线的原理和线路**

如果希望在示波器上显示出被测铁磁材料的磁滞回线,必须使输入到示波器 X 偏转板上的电压 U_x 与磁场强度 H 成正比,同时使输入到示波器 y 偏转板上的电压 U_y 与铁磁材料中的磁感应强度 B 成正比,即

$$H = C_H x \qquad\qquad B = C_B y \qquad\qquad (7.2)$$

根据安培环路定律 $\oint \vec{H} \cdot \mathrm{d}\vec{l} = \sum I_i = Ni_1$

因为 H 为常数 $\oint H\mathrm{d}\vec{l} = Ni_1$

$$HL = Ni_1 \qquad\qquad (7.3)$$

故

$$U_x = i_1 R_1 = \frac{R_1 L}{N_1} H = S_x x \qquad\qquad (7.4)$$

磁场强度 H 的大小为:

$$H = \frac{N_1 S_x}{R_1 L} x \qquad\qquad (7.5)$$

式中 S_x——示波器 x 轴上的灵敏度。

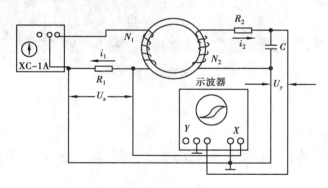

图7.5 磁滞回线电路图

为了得到和铁磁材料中的瞬时磁感应强度 B 成正比的 U_y 值,采用电阻 R_2 和电容 C 组成的积分电路。线圈 N_1 中交变磁场 H 在铁磁材料中产生交变的磁感应强度 B,因此在线圈 N_2 中产生感应电动势,其大小用公式表示:

当 $R_2 \gg \dfrac{1}{2\pi fC}$ 时,

$$I_2 \approx \frac{\varepsilon_2}{R_2}, \varepsilon_2 = \frac{\mathrm{d}\psi}{\mathrm{d}t} = N_2 \frac{\mathrm{d}\varphi}{\mathrm{d}t} = N_2 S \frac{\mathrm{d}B}{\mathrm{d}t} \qquad\qquad (7.6)$$

电容 C 两端的电压：

$$U_y = \frac{Q}{C} = \frac{1}{C}\int I_2 \mathrm{d}t = \frac{1}{CR_2}\int \varepsilon_2 \mathrm{d}t \tag{7.7}$$

得到

$$U_y = \frac{N_2 S}{CR_2}\int \frac{\mathrm{d}B}{\mathrm{d}t}\mathrm{d}t = \frac{N_2 S}{CR_2}\int_0^B \mathrm{d}B = \frac{N_2 S}{CR_2}B \tag{7.8}$$

$$B = \frac{R_2 C S_y}{N_2 A}y \tag{7.9}$$

式中 S_y——示波器 y 轴上的灵敏度。

（3）操作要点

①按图 7.6 所示连线。

图 7.6　磁滞回线操作面板

②测绘基本磁化曲线。

a. 调零聚焦。

b. 调试出饱和磁滞回线（相交 0.5 div）。

c. x 分 8 等分测 8 个磁滞回线的顶点（调节信号发生器旋钮开关变化输出信号大小使回线变化）。

③在饱和磁滞回线上记录 H_m、H_c、B_s、B_r 的坐标，测量时应在 >0、<0 两点进行测量，取平均值。

（4）数据记录及处理

①基本磁化曲线（表 7.1）。

表7.1

i	1	2	3	4	5	6	7	8
x/cm	0							
y/cm	0							
$H/(\mathrm{A \cdot m^{-1}})$	0							
B/T	0							

②饱和磁滞回线(表7.2)。

表7.2

i	a	a_1	a_2	a_3	b	b_1	b_2	c	c_1	c_2	d	d_1	d_2	e	e_1	e_2	f	f_1
x/cm																		
y/cm																		
$H/(\mathrm{A \cdot m^{-1}})$																		
B/T																		

根据以上给出的(H,B)的坐标,用 Excel 做出曲线。

(5)例题

例题1 有人认为只要磁滞回线能充满示波器显示屏,就表示铁磁材料已处于饱和状态,显示的闭合曲线就是饱和磁滞回线。这种说法对吗?

解

①B-H 曲线如图 7.3 所示,随着磁场强度 H 的增加,B 也随之增加,当 H 增加到一定值时,B 不再增加(或增加十分缓慢),这说明该物质的磁化已达到饱和状态,H_s 和 B_s 分别为饱和时的磁场强度和磁感应强度(对应图 7.3 中的 a 点),如此时 H 按 $H_m \to 0 \to -H_c \to -H_m \to 0 \to H_c \to H_m$ 顺序变化,则 B 的变化就为一条闭合曲线 $abcdefa$,即为铁磁材料的磁滞回线,而此时属于饱和磁滞回线。

②实验中,通过调节信号发生器的输出电压,示波器即可显示磁滞回线,而显示的磁滞回线的大小既与电压的大小有关,同时也与示波器的 X、Y 轴灵敏度开关的位置有关,但是否属于饱和磁滞回线只与电压的大小有关,所以上述说法是错误的。

(6)习题

1)填空题

①硬磁材料的磁滞回线_____(宽或窄),矫顽力_____;软磁材料的磁滞回线____

（宽或窄），矫顽磁力_____。

②示波器显示磁滞回线的电路如图7.7所示,元件_____上的电压与磁场强度成_____比例,元件_____上的电压与磁感应强度成____比例。通过测量电压得到磁学量的方法称为_____测量法。

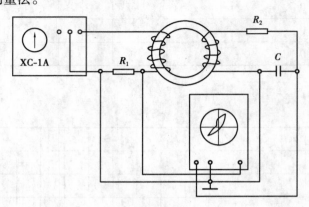

图7.7　磁滞回线实验

③录音的磁带、电脑的磁盘采用的是_____（硬磁或软磁）材料,变压器、电动机的铁芯采用的是_____（硬磁或软磁）材料。

④从饱和磁滞回线上测量剩磁 B_r 时,磁场强度 H 为_____测量矫顽磁力 H_c 时,磁感应强度 B 为_____。

⑤如图7.7所示,为如实显示磁滞回线,R_2 与 C 组成的积分电路中,要求 R_2 的电阻值比电容 C 的阻抗大_____倍以上;同时要求在实验磁场的频率范围内,放大器的放大倍数必须_____。此时 YB4320 型示波器应按垂直振动图形合成方式连接,即将示波器面板上的"X-Y"按键_____。

⑥为了示波器能显示磁滞回线,如图7.7所示,电阻 R_1 上的_____必须接入示波器的_____通道。电容 C 上的_____必须接入示波器的_____通道。

⑦铁磁材料指的是_____、_____、_____及_____。

⑧基本磁化曲线可以通过逐渐增大音频信号发生器的输出_____,使荧光屏上的磁滞回线由小到大逐渐扩展,各磁滞回线顶点的_____线即为基本磁化曲线,它是一条_____线。

⑨从铁磁质完全没有被磁化开始,逐渐增大流过线圈的磁化电流,得到的磁化曲线称为_____。

⑩铁磁材料去磁的方法是,使铁磁材料磁化达到饱和,然后不断改变磁化电流的_____,与此同时减小_____直至到零。

2）选择题

①以下说法正确的是(　　)。
  A. 铁磁材料的磁导率 $\mu = B/H$ 是常数
  B. 磁化过程与铁磁材料过去的磁化经历有关
  C. 磁滞回线中,磁感应强度的变化落后于磁场强度的变化
  D. 铁磁材料的 B 与 H 是非线性关系

②若实验测得某材料的饱和磁滞回线成细长型,则该材料(　　)。

A. 可制成永久磁铁

B. 可制造电机、变压器、电磁铁等的铁芯

C. 矫顽磁力大

D. 矫顽磁力小

③如图 7.7 所示,以下说法正确的是( )。

A. 电阻 R_1 上的电压与铁环中的磁感应强度成正比

B. 电阻 R_1 上的电压接入示波器的 Y 通道

C. 电阻 R_1 上的电压接入示波器的 X 通道

D. 电容 C 上的电压与铁环中的磁场强度成正比

④实验中,以下操作正确的是( )。

A. 示波器按垂直振动图形合成方式连接,即必须按下"X-Y"键

B. 示波器的灵敏度开关 S_x 置于 0.1 V/div

C. 示波器的灵敏度开关 S_y 置于 0.2 V/div

D. 调节示波器的辉度、聚焦旋钮可使磁滞回线位于荧光屏中心

⑤以下说法正确的是( )。

A. 荧光屏上可直接读出饱和磁滞回线的各点 B、H 值

B. 荧光屏上可直接读出饱和磁滞回线的各点 X、Y 值

C. 磁滞回线的饱和与示波器的灵敏度开关有关

D. 磁滞回线的饱和与示波器的灵敏度开关无关

(7)参考答案

1)填空题

①宽,大,窄,小

②R_1,正,C,正,转换

③硬磁,软磁

④零,零

⑤100,稳定,按下

⑥电压,X,电压,Y

⑦铁,钴,镍,它们的合金

⑧电压,连,曲

⑨起始磁化曲线

⑩方向,磁化电流

2)选择题

①BCD　②BD　③C　④A　⑤BD

密立根油滴法测定基本电荷

Measurement of elementary charge by Millikan oil-drop experiment

（1）实验背景

1897 年（J. J. Thomson）在研究阴极射线的实验中确认了电子的存在，人类从此开始了对微观世界的研究。于是，测定电子电量 e 就成了当时物理学家面临的重大课题。密立根（R. A. Millikan）是著名的实验物理学家，自 1907 年开始，他在总结前人实验的基础上，着手电子电荷量的测量研究，之后改为以微小的油滴作为带电体进行基本电荷量的测量，并于 1911 年宣布了实验的结果，此后，密立根又继续改进实验，精益求精，提高测量结果的精度，在前后十余年的时间里，做了几千次实验，取得了可靠的结果，即：

①证明了任何带电体所带电荷都是某一最小电荷的整数倍，明确了电荷是量子化的。

②精确测量了最小基本电荷的数值为 $e = (1.592\ 4 \pm 0.001\ 7) \times 10^{-19} C$。

密立根也因为这一杰出贡献和在光电效应研究中的杰出成就获得 1923 年的诺贝尔物理学奖。

密立根油滴实验设计巧妙，方法简便，设备简单有效，结果准确稳定，是一个著名的有启发性的实验，被誉为物理学史上"十大经典物理实验"之一，尤其是其设计思想更值得借鉴。油滴实验中将微观量测量转化为宏观量测量的巧妙设想和精确构思，以及用比较简单的仪器，测得比较精确而稳定的结果等都是富有启发性的。

因密立根油滴法的精妙设计和重大的意义，故在大学物理实验课中，密立根油滴法测定电子电荷的实验也是学生必做实验之一。重做密立根油滴实验，在不断改进测量方法的同时可以进一步体验前辈物理学家深刻的物理思想和精巧的实验设计。

虽然密立根的实验装置随着技术的进步而得到了不断改进，但其实验原理至今仍在当代物理科学研究的前沿发挥着作用。例如，科学家用类似的方法确定出基本粒子——夸克的电量。近年来，根据该实验的设计思想改进的用磁漂浮的方法测量分数电荷，以及用密立根油滴仪同时测量粉尘的粒径和电荷量的实验，引起了人们的普遍关注，说明该实验至今仍富有巨大的生命力。

（2）重点、难点

密立根油滴实验有两种基本方法，即动态法和静态平衡法。这两种方法都是从观察和测量带电油滴在电场中的运动规律入手的，运动规律不同导致实验方法有一定区别。本实验中采用静态平衡法来进行测量，静态平衡法的出发点是，使油滴在均匀电场中处于静止状态，或在重力场中做匀速运动。

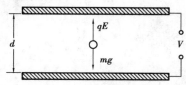

图 8.1　带电平行板间油滴的平衡　　　　图 8.2　重力与阻力平衡

①重力与电场力平衡。用喷雾器将油滴喷入两块相距为 d 的水平放置的平行板之间。由于喷射时的摩擦，油滴一般会带电，假设油滴的质量为 m，所带电量为 q。

如图 8.1 所示，当平行板间加有电压 V，产生电场 E，油滴会同时受重力和电场力作用。调整电压的大小，使油滴所受的电场力与重力相等，油滴将静止地悬浮在极板中间。此时有：

$$mg = qE = q\,\frac{V}{d} \tag{8.1}$$

式中　V、d——容易测量的物理量；

　　　g——重力加速度。

如果进一步测量出油滴的质量 m，就能得到油滴所带的电量 q。但是，由于 m 很小，需要使用下面所述方法进行测定。

②重力与空气黏滞阻力平衡。当人们断开平行极板上所加电压时，油滴受重力作用将加速下降，但是由于空气会对油滴产生一个与其速度大小成正比的阻力，油滴下降一小段距离而达到某一速度 v_g 后，空气黏滞阻力会与重力达到平衡（忽略空气对油滴的浮力），油滴将以此速度匀速下降。

由斯托克斯定律可得黏滞阻力：

$$f = 6\pi\eta r v_g = mg \tag{8.2}$$

式中　η——空气的黏滞系数；

　　　r——油滴的半径（由于表面张力的作用，小油滴总是呈球状）。

同时，设油滴密度为 ρ，则油滴的质量 m 可用式 8.3 表示：

$$m = \frac{4}{3}\pi r^3 \rho \tag{8.3}$$

联立式（8.2）和式（8.3），可得油滴半径：

$$r = \sqrt{\frac{9\eta v_g}{2\rho g}} \tag{8.4}$$

斯托克斯定律适用于连续介质中球状物体所受的黏滞力。由于油滴甚小，其直径可和空气分

子的平均自由程相比拟,所以不能再将空气看成是连续介质,油滴所受黏滞力必将减小,黏滞系数应修正为:

$$\eta' = \frac{\eta}{1 + \dfrac{b}{pr}} \tag{8.5}$$

式中　b——修正常数;

　　　p——大气压强。

则油滴半径被修正为:

$$r = \sqrt{\frac{9v_g}{2\rho g} \cdot \frac{\eta}{1 + \dfrac{b}{pr}}} \tag{8.6}$$

将半径代入式8.3,即可得到油滴质量:

$$m = \frac{4}{3}\pi \left(\frac{9\eta v_g}{2\rho g} \cdot \frac{1}{1 + \dfrac{b}{pr}}\right)^{\frac{3}{2}} \rho \tag{8.7}$$

当平行极板间的电压为 0 时,通过测量,当油滴匀速下降距离为 l 时所需时间 t_g,可得到油滴匀速下降的速度:

$$v_g = \frac{l}{t_g} \tag{8.8}$$

将式(8.8)代入式(8.7),式(8.7)代入式(8.1),即可得到油滴电量表达式:

$$q = \frac{18\pi}{\sqrt{2\rho g}} \left(\frac{\eta l}{t_g \left(1 + \dfrac{b}{pr}\right)}\right)^{\frac{3}{2}} \frac{d}{V} \tag{8.9}$$

式中,油滴密度 $\rho = 981\ \mathrm{kg \cdot m^{-3}}$,重力加速度 $g = 9.788\ 58\ \mathrm{m \cdot s^{-2}}$;

空气黏滞系数 $\eta = 1.83 \times 10^{-5}\mathrm{kg \cdot m^{-1} \cdot s^{-1}}$,油滴匀速下降的距离 $l = 2.00 \times 10^{-3}\mathrm{m}$;

修正系数 $b = 8.22 \times 10^{-3}\mathrm{m \cdot Pa}$,大气压强取 $p = 1.013\ 25 \times 10^5 \mathrm{Pa}$;

平行板间距离 $d = 5.00 \times 10^{-3}\mathrm{m}$。

代入式8.9可得油滴所带电量表达式:

$$q = \frac{1.43 \times 10^{-14}}{\left[t_g(1 + 0.02\sqrt{t_g})\right]^{\frac{3}{2}}} \cdot \frac{1}{V} \tag{8.10}$$

(3)操作要点

1)合适油滴的选择

为了准确测定基本电荷,必须选择合适的油滴。现在实验采用的密立根油滴仪的操作虽然比较简单,但是由于采用喷雾器,因此油滴大小不可控,选择合适大小的油滴需要耗费大量时间和精力。选择油滴时体积不能太大,太大的油滴虽然在荧光屏上显示比较亮,但所带电量一般比较多,质量比较大,下降速度比较快,因此其下落时间不容易准确测量。油滴也不能选择太小,太小的油滴布朗运动比较明显,下落时间也不容易测量。一般选择屏幕上直径为 2 mm 左右的油滴。通常油滴的平衡电压选择为 100 ~ 350 V,匀速下落 2 mm 的时间为 10.0 ~ 35.0 s,在此范围内油滴的大小和带电量比较合适。显示屏幕示意图如图 8.3 所示。

图 8.3 密立根油滴仪显示屏幕示意图

油滴的电荷是摩擦产生的,根据电荷守恒定律可知,有的油滴会带正电,有的油滴会带负电。但是从图 8.1 中很容易就可知,为了平衡重力,油滴需要带上负电,判断油滴所带电荷正负的方法很简单,加上平衡电压时下落速度很慢或者向上运动,断开电压时由于重力作用,油滴将加速向下运动。因此可排除带正电的油滴(加上平衡电压时加速向下运动)和不带电的油滴(加上平衡电压没有改变运动状态)。

另外,需要对带负电的油滴通过下落时间的初测来进一步进行筛选:计时器应处于停止状态,继续调节电压使油滴移到坐标上面的第一条水平线上(起始线),将平衡开关从中间扳向"下落"位置(或按下"下落"按钮),此时平行板电容器上电压为零,油滴就会开始自由下落,这是一个加速过程。当油滴移到坐标上面的第二条水平线上(0 mm 开始计时),按下计时器开始计时,油滴即以匀速向下运动。油滴运动至第三条水平线上(2 mm 终止计时),终止计时,同时将平衡开关回到中间,电压恢复运动前的平衡电压,油滴很快就会停止运动,此时计时器的记录值应在 10 ~ 35 s。如记录到的平衡电压和下落时间超出规定范围,则放弃该油滴,重新寻找新的油滴进行测量。

2)正式测量步骤

用平衡测量法时要测量的有两个量,一个是平衡电压 V;另一个是油滴匀速下降一段距离所需要的时间 t_g。

①打开密立根油滴仪和显示器电源,清理油滴盒,保证油滴能够顺利进入油滴盒。

②用喷雾器向油雾室喷油,转动显微镜的调焦手轮,使屏幕上出现清晰的油滴图像。

③将仪器面板右侧的"控制"开关置于"平衡"挡,调节极板间的平衡电压在 300 V 左右,观察屏幕上的清晰油滴;再选择一个大小合适的带负电油滴。

④通过仔细调节平衡电压的大小让油滴处于静止不动的平衡状态,记录此时屏幕上显示的电压,此电压就是油滴的平衡电压。

⑤用"提升"挡将油滴提到起始线上后换到"平衡"挡。

⑥将开关换到"下落"挡位,断开平行极板电压,当油滴开始自由下落,到第二条线(计时起点线)时按下计时按钮开始计时;当油滴下落到第6条线(计时终点线)时,再按下计时按钮以结束计时,将开关转换到"平衡挡位",使油滴停止运动,同时,记录油滴匀速运动的时间 t_{g1}。

⑦再将开关拨至"提升"挡位,提升同一个油滴到起始线上重复测量 2 次匀速下降 2 mm 所需的时间 t_{g2}、t_{g3}。

⑧重复步骤②—步骤⑦,再选 5 个不同油滴重复上面的过程。

(4) 数据记录及处理

1) 数据记录

用静态平衡法测量油滴的电荷,根据式(8.10)可知,只需要记录每一个油滴的平衡电压 V 和匀速运动 2 mm 所需要的时间 t_{g1}、t_{g2}、t_{g3},算出此油滴下落 2 mm 所需平均时间:

$$\bar{t_g} = \frac{t_{g1} + t_{g2} + t_{g3}}{3}$$

并代入式(8.10),即可算出此油滴所带的电量大小。

2) 数据处理

假设实验得到 6 个油滴所带电荷量从小到大依次为 q_1、q_2、q_3、q_4、q_5、q_6,由于电荷的量子化,应有 $q_i = en_i$,其中 e 即为基本电荷值,也是各油滴的电量 q 的最大公约数。如果用电量 q 作为 Y 轴,油滴所带基本电荷的个数 n 作为 X 轴,可做一条直线,而 e 就是直线的斜率,最大公约数 e 意味着每个电荷所对应的电荷数目 n 最小,这就是图像法处理数据的理论依据。

因为每个油滴所带的基本电荷数目 n 未知,故采取下述方法处理。

在直角坐标系中沿着 Y 轴标出 q_i 的点,并过这些点做与 X 轴平行的直线,同时以自然数 $n(0,1,2,3,4,\cdots)$ 为横坐标,并过这些点做 Y 轴的平行线,这样就在此平面直角坐标系上形成一网络,满足 $q_i = en_i$ 的点,一定在网络的节点上。因为 q_1 最小,自然包含的基本电荷的个数最少,过原点依次做直线过 $(q_1,1)$,$(q_1,2)$,$(q_1,3)$,$\cdots$,直到每一条与 X 轴平行的线上都有一个节点落在(或非常接近)某一条直线,读出该节点对应的 n 和 q,再用直线拟合求出斜率和相关系数。

例如:实验测得 6 个电荷电量见表 8.1。

表 8.1

油滴序号	1	2	3	4	5	6
电量/ $\times 10^{-19}$C	3.14	4.93	6.24	7.77	12.50	18.22

在 Excel 里作出得到如图 8.4 所示二维图像。

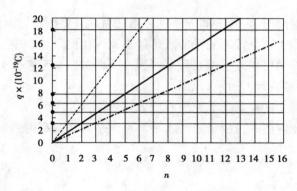

图 8.4

在图 8.4 中,很容易看出连接原点和 $(q_1,1)$ 的直线上有 2 个节点不在直线上,而且离直线较远,说明不满足,即 q_1 的电荷数不是 1 个;而连接原点和 $(q_1,2)$ 的直线基本都穿过水平线与竖直线的交点,相比连接原点和 $(q_1,3)$ 的直线,落在直线上的交点个数更多,因此可以得出结论:q_1 所带的电荷数是 2 个,从直线上能够读出各个油滴电荷对应的基本电荷的个数,见表 8.2。

表 8.2

电量/× 10^{-19}C	3.14	4.93	6.24	7.77	12.50	18.22
n	2	3	4	5	8	12

利用表 8.2 中的数据进行直线拟合可得直线方程:$q = 1.54n$,可得基本电荷量为 $e = 1.54 \times 10^{-19}$C,相对误差为 $E = \dfrac{|1.54 \times 10^{-19} - 1.60 \times 10^{-19}|}{1.60 \times 10^{-19}} \times 100\% = 3.8\%$,如图 8.5 所示。

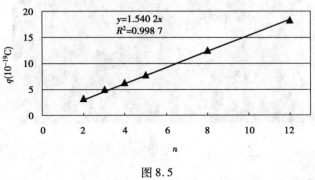

图 8.5

(5)思考题

①怎样使用喷雾器才能得到合适的油滴? 油喷得过多会怎样?

②选定油滴时有什么要求? 为什么?

③观察不到油滴有哪些原因? 要较快地找到合适的油滴应采取什么措施?

④选择油滴的时候应不应该选亮而醒目的油滴? 为什么?

⑤测量油滴移动时间时,要让油滴先移动一格之后才开始测量,为什么?

⑥平衡电压调到最大还是找不到平衡点是什么原因?测量过程中平衡电压可否改变?

⑦所选定的油滴移动过快或过慢是什么原因?分别对实验带来什么影响?

⑧所选定的油滴横向移动是什么原因?

⑨测量过程中油滴变模糊是什么原因?应如何解决?

⑩如何判断油滴盒内两平行极板是否水平?不水平对实验有何影响?

(6)仪器介绍

1)密立根油滴实验仪

图8.6所示为密立根油滴实验仪。

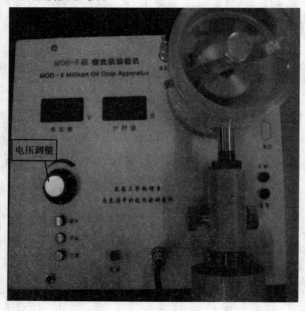

图8.6 密立根油滴仪

按键说明:

提升:平行板电容器上电压加到最大,使油滴向上运动。

平衡:显示平行板电容器上油滴的平衡电压,这是实验所需记录的电压值。

下落:按下此按钮将断开平行板电容器电压,油滴将自由下落。

计时:第一次按,计时器开始计时;第二次按,计时器终止计时。

复零:按下此按钮,则计时器显示时间归零。

2)显示屏

显示屏如图8.7所示。

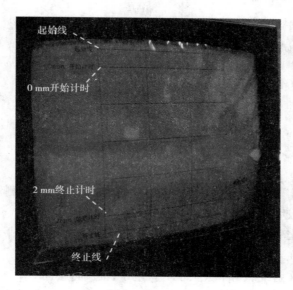

图 8.7 显示屏

油滴在平行板电容器中的运动经过显微镜成像在显示器里。实验中,油滴将首先平衡在起始线上,并且从起始线位置处向下自由下落,由于空气阻力的原因,很快就达到平衡状态(重力等于空气阻力)。实验中,当油滴运动到"0 mm 开始计时"线处,油滴已经达到平衡状态,从而做匀速直线运动,开始计时;当运动到"2 mm 终止计时"线处,表明油滴在平行板电容器中匀速运动了 2 mm,终止计时。

3) 喷雾器

喷雾器如图 8.8 所示。

喷雾器使用时将喷口深入油雾室旁边的孔内,用力挤压喷雾器的橡皮胶囊,一般喷射一次即可找到合适的油滴。使用时(使用完后)注意使喷口始终朝上,闲置时可将喷口朝上放置在杯子内,不得横置在桌子上或者倒置在杯子里,以防止油直接流出。

(7)例题

如何判断油滴盒内两平行极板是否水平? 不水平对实验有何影响?

①检查油滴仪中的水平装置是否达到水平状态。向喷油盒中喷入油滴,在荧光屏上观察油滴的运动是否是垂直直线运动(检查油滴仪横向是否水平),同时观察油滴的光点是否是在荧光屏的上下端一样亮(检查油滴仪竖向是否水平)。如果两个条件都满足,则两平行极板达到水平状态。

图 8.8 喷雾器

②如果油滴仪没有调节水平,则重力与黏滞阻力不在同一直线上,就不符合斯托克斯定律,测量结果就会产生误差。

(8)习题

1)填空题

①在密立根油滴实验中,质量太大的油滴下落速度快,_____测量误差大;质量太小的油滴_____运动比较明显,测量结果不准确。

②在密立根油滴实验中,若要得出准确的结果,通常选择的油滴平衡电压一般在____V,下落的时间一般选择在_____s。

③若静止的油滴在射线照射下失去了一些电子,油滴将会向_____(上或下)运动。每个油滴所带的电荷量是基本电荷的_____倍。

④在密立根油滴实验中,带电油滴有两次受力平衡,分别是_____力与_____力相等及_____力与_____力相等。

⑤密立根油滴实验证明了电荷的_____,并精确地测定了_____的数值。

⑥做密立根油滴实验时,仪器首先需要调_____,所选油滴的_____不能太大,盒内空气不能有_____。

⑦在密立根油滴实验中如果选用蒸馏水代替钟表油,由于蒸馏水容易_____而不能得到准确的结果。

⑧实验中如果选用的油滴质量很小,_____已不能看作连续媒质,_____定律就需要进行修正。

⑨如果在平行极板间所加的电压没有使油滴完全静止,油滴上升说明极板间的电压_____;油滴下降则说明极板间的电压_____。

⑩如果油滴仪没有调节水平,则_____与_____不在同一直线上,导致下落的油滴不能作_____运动。

⑪电荷的量子特性即电荷的_____,任何一个电荷量都应是基本电荷的_____。

⑫静态法所用的基本原理是油滴的_____力等于_____力。

⑬实验中发现进入电场的油滴,有的油滴向上运动,有的油滴向下运动,这是因为有的油滴_____而有的油滴_____;有的油滴运动较快,有的油滴运动较慢,这是因为油滴_____和_____。

⑭实验数据处理时,若已求出各油滴的带电量 $q_1, q_2, \cdots, q_m$,要求出基本电荷就是求这 m 个电荷量的_____。若所测油滴数太少,求最大公约数有困难,可以用_____法求基本电荷。

2)选择题

①做密立根油滴实验时,选择油滴一般要选平衡电压稍高一些,且下落时间稍长一些的

油滴,这是因为(　　)。

　　A. 下落时间长的油滴质量大　　　　　B. 下落时间长的油滴质量小

　　C. 带的电荷量少　　　　　　　　　　D. 带的电荷量多

②做密立根油滴实验时,若下落的油滴像突然模糊了,对此应该(　　)。

　　A. 调节平衡电压　　　　　　　　　　B. 调节显微镜焦距跟踪油滴

　　C. 调节望远镜焦距跟踪油滴　　　　　D. 将仪器调水平

③基本电荷是指(　　)。

　　A. 很小的电荷　　　　　　　　　　　B. 一个电子的电荷

　　C. 可能是几个电子带的电荷　　　　　D. 最小的电荷单位

④静态法推导油滴电荷计算公式中,下列哪些因素可能造成方法上的误差(系统误差)
(　　)。

　　A. 极板中的电场可能不均匀　　　　　B. 油滴所受到的空气浮力

　　C. 下落的油滴被视为球体　　　　　　D. 仪器未调水平

⑤实验中油滴的电荷主要来自于(　　)。

　　A. 极板上的电场提供　　　　　　　　B. 油滴在喷射过程中摩擦所致

　　C. 油滴本身固有的电荷　　　　　　　D. 油滴下落中与空气摩擦所致

⑥实验中如果长时间对同一颗油滴进行测量,会发现其平衡电压发生了变化,这主要是
因为(　　)。

　　A. 电压不稳定　　　　　　　　　　　B. 电场不稳定

　　C. 油滴上的电荷发生变化　　　　　　D. 油滴挥发,质量变小

⑦本实验需要对空气黏滞系数进行修正,这是因为(　　)。

　　A. 油滴尺寸非常大　　　　　　　　　B. 油滴尺寸非常小

　　C. 空气不能视为连续媒质　　　　　　D. 空气可以视为连续媒质

⑧实验中,测量基本电荷可以采用(　　)。

　　A. 静态法　　　　　　　　　　　　　B. 动态法

　　C. 逐差法　　　　　　　　　　　　　D. 一元线性回归法

⑨对实验结果造成影响的主要因素有(　　)。

　　A. 所选油滴的质量(太大、太小)　　　B. 平行极板不水平

　　C. 人工计时不准确　　　　　　　　　D. 油滴容易挥发

3)计算题

在密立根油滴实验中,测出某油滴所受的重力为 1.8×10^{-14} N,电场强度为 4.0×10^4
N/C,当油滴静止时,求:

①该油滴所带的电荷量是多少?

②该油滴中含有多少个电子?

(9)参考答案

1)填空题

①时间,布朗

②100～350,10.0～35.0

③下,整数

④重力,电场力,重力,空气黏滞阻力

⑤不连续性,基本电荷

⑥水平,质量或带电量,对流

⑦水滴容易蒸发

⑧空气,斯托克斯

⑨太高,太低

⑩重力,空气黏滞阻力,垂直下落

⑪不连续性,整数倍

⑫重力,电场力

⑬有的带正电,有的带负电,所带电荷量不同,油滴质量不同

⑭最大公约数,作图法

2)选择题

①BC ②BD ③BD ④BCD ⑤B ⑥C ⑦BC ⑧AB ⑨ABC

3)计算题

①当油滴静止时:重力 = 电场力 $G = Eq$

$q = G/E = 1.8 \times 10^{-14}$ N$/(4.0 \times 10^4$ N/C$) = 4.5 \times 10^{-19}$ C

②一个电子的带电量 $e = 1.602 \times 10^{-19}$ C

所以电子数 $n = q/e = 4.5 \times 10^{-19}$ C$/(1.602 \times 10^{-19}$ C$) \approx 3$ 个

9

光电效应法测普朗克常数

Measurement of Planck constant by photoelectric effect

（1）实验背景

　　光电效应（图 9.1）是物理学中一个重要而神奇的现象，在光的照射下，某些物质内部的电子会被光子激发出来而形成电流，即光生电。在 1887 年海因里希·赫兹（Heinrich Rudolf Hertz）用两套放点电极做实验如图 9.2 所示，即一套产生电磁振荡从而产生电磁波；另一套作接收电磁波的接收装置，为了便于观察接收装置在电磁波作用下的放电现象，特意将接收装置放在暗箱中，偶然发现接收装置电极间的放电火花变短了，这说明光照对放电起了作用。后经多次实验证明，这主要是紫外光的作用。在赫兹题为《紫外线对放电的影响》一文发表后，引起了大家的广泛关注，许多人重复多次试验，结果证明：负电极在光，特别是在紫外线的照射下，会放带负电的粒子即电子，从而在回路中形成电流，这就是光电效应，如图 9.3 所示。

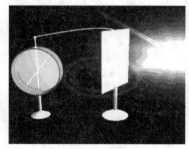 

图 9.1　光电效应　　　　　图 9.2　海因里希·赫兹的实验装置

　　但是，当时光是一种波，是物理学术界的主流思想，而波动说面对光电效应又无法解释，比如波动说认为：光越强能量越大，受光照射下的电子速度应越快，而光电效应的实验却是：只要光照射在阳极表面，立即会产生光电流，具有瞬时性。物理学家爱因斯坦在 1905 年发表了著名论文——《关于光的产生和转化一个启发性的观点》，论文中提出了光量子即光子的概念，从而成功地解释了光电效应，结束了对"光的本质"长达几个世纪的争论，提出了光的波粒二象性，为此爱因斯坦获得了 1905 年诺贝尔物理学奖。

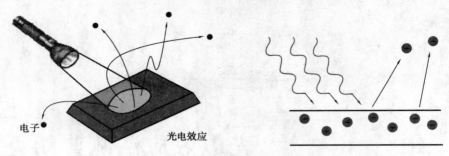

图 9.3　光电效应示意图

根据光电效应原理，人们发明了光电管，研究出适合不同光频段的阴极材料和光电倍增管，并将其应用于光电自动控制、光电传输、有声电影、电报传真、电视录像、摄影等众多领域，大大改变了人们生活，创造出巨大的社会和经济效应。

1）光控制电器

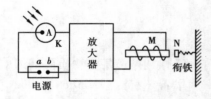

图 9.4　光控继电路示意图

利用光电管制成的光控制电器，可以用于自动控制，如自动计数、自动报警、自动跟踪等，图 9.4 所示为光控继电器的示意图，其工作原理是：当光照在光电管上时，光电管电路中产生光电流，经过放大器放大，使电磁铁 M 磁化，而将衔铁 N 吸住，当光电管上没有光照时，光电管电路中没有电流，电磁铁 M 就自动控制，利用光电效应还可测量一些转动物体的转速。

2）光电倍增管

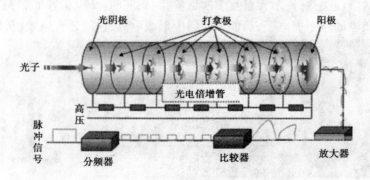

图 9.5　光电倍增管

利用光电效应还可以制造多种光电器件，如光电倍增管、电视摄像管、光电管、电光度计等。光电倍增管可以测量非常微弱的光。图 9.5 所示为光电倍增管的大致结构，其在使用时不但要在阴极和阳极之间加上电压，各倍增电极也要加上电压，使阴极电势最低，各个倍增电极的电势依次升高，阳极电势最高，这样，相邻两个电极之间都有加速电场，当阴极受到光的照射时即发射光电子，并在加速电场的作用下以较大的动能撞击到第一个倍增电极上，光电子能从这个倍增电极上激发出较多的电子，这些电子在电场的作用下，又撞击到第二个倍增电极上,从而激发出更多的电子,这样激发出的电子数不断增加,最后阳极收集到的电子数将比最初从阴极发射的电子数增加了很多倍(一般为 $10^5 \sim 10^8$ 倍)。故光电倍增管只要受到很微弱的光照就能产生较大电流,其在工程、天文、军事等方面都有重要的作用。

3)应用实例

农业病虫害(图9.6)的治理需要依据为害昆虫的特性创造与环境适宜、生态兼容的技术体系和关键技术。为害昆虫表现了对敏感光源具有个体差异性和群体一贯性的趋光性行为特征,并通过视觉神经信号响应和生理光子能量需求的方式呈现出生物光电效应的作用本质。利用昆虫的这种趋性行为诱导增益特性,一些光电诱导杀虫灯技术以及害虫诱导捕集技术广泛地应用于农业虫害的防治,具有良好的应用前景。

图9.6　光电技术杀害虫

(2)重点、难点

1)光电效应(Photoelectric effect)

某种阴极材料在一定频率光的照射下,电子从材料表面逸出的现象称为光电效应,材料表面逸出的电子称为光电子(photoelectron)如图9.7。如果连成回路形成电流,这种电流称为光电流(photocurrent)。对光电效应的叙述如下。

①不是任何频率的光照射在阴极材料上都能产生光电效应。如果照射光的频率过低,即光子流中每个光子能量较小,当其照射到金属表面时,电子吸收了这一光子,它所增加的能量仍然小于电子脱离金属表面所需要的逸出功,电子就不能脱离开金属表面,故不能产生光电效应。

②不是一定频率的光照射在任何阴极材料上都能产生光电效应。当一定频率的光照射到某一逸出功较小的阴极材料上产生光电效应,若是用这个频率的光照射逸出功较大的阴极材料上可能不会产生光电效应。

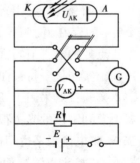

图9.7　光电反应原理图

③不是光强越大的光照射在阴极材料上都能产生光电效应。增加光强,可以强化光电效应。

④光电流应具有瞬时效应,因为光以光速度作运动,光子也是以光速作运动,当光照射在阴极表面,与阴极表面电子瞬间的能量交换产生逸出的光电子,光电流会立即产生,所以光电效应应具有瞬时效应。光的波动性理论认为,能量总要有一个积累的过程。光照射在阳极

上,不可能立即产生光电流。

当加速电位差 U_{AK} 变为负值时,阴极电流会迅速减少,当加速电位差 U_{AK} 负到一定数值时,阴极电流变为"0",与此对应的电位差称为截止电位差。这一电位差用 U_s 来表示。$|U_s|$ 的大小与光的强度无关,而是随照射光频率的增大而增大。实验中可以通过测量截止电位差 U_s 和入射光频率 ν 之间的关系来求解普朗克常数。

2) 光电管伏安特性(I-U)曲线的影响因素

①暗电流和本底电流。光电管在没有受到光照时也会产生电流,称为暗电流。它是由阴极在常温下的热电子发射形成的热电流和封闭在暗盒里的光电管在外加电压下因管子阴极和阳极间绝缘电阻漏电而产生的漏电流两部分组成。本底电流是周围杂散光射入光电管所致。

②反向电流。由于制作光电管时阳极上往往溅有阴极材料,所以当光照到阳极上或杂散光漫射到阳极上时,阳极上也往往有光电子发射;此外,阴极发射的光电子也可能被阳极的表面所反射。当阳极 A 为负电势,阴极 K 为正电势时,对阴极 K 上发射的光电子而言起减速作用,而对阳极 A 发射或反射的光电子而言却起了加速作用,使阳极 A 发出的光电子也到达阴极 K,形成反向电流。

由于上述原因,实测的光电管伏安特性(I-U)曲线与理想曲线是有区别的。且不同的光电管的伏安特性曲线的特点也不同。一般光电管的伏安特性曲线的特点,如图 9.8 所示,其中实线表示实测曲线,虚线表示理想曲线即阴极光电流曲线,点画线代表影响较大的反向电流即暗电流曲线。实测曲线上每一点的电流值是以上 3 个电流值的代数和。显然,实测曲线上光电流 I 为零的点所对应的电压值并不是截止电压。从图 9.8 可看出,阳极光电流(即反向电流和暗电流)的存在,使阴极光电流曲线下移,实测曲线

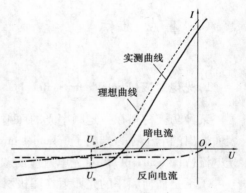

图 9.8　光电流曲线分析

的抬头点处的电压值与截止电压近似相等,可代替截止电压。因此,在光电效应实验中可以通过找出实测伏安特性曲线的抬头点来确定截止电压 U_s。

本实验仪器采用了新型结构的光电管。由于其特殊结构使光不能直接照射到阳极,由阴极反射照到阳极的光也很少,加上采用新型的阴、阳极材料及制造工艺,使得阳极反向电流大大降低,暗电流水平也很低。由于本仪器的特点,在测量各谱线的截止电压 U_s 时,可不用难以操作的"抬头点法",而用"零电流法"。

零电流法是直接将各谱线照射下测得的电流为零时对应的电压 U_{AK} 的绝对值作为截止电压 U_s。此法的前提是阳极反向电流、暗电流和本底电流都很小,用零电流法测得的截止电压与真实值相差很小。且各谱线的截止电压都相差 ΔU,对 U_s-ν 曲线的斜率无较大影响,因此对 h 的测量不会产生较大的影响。

3）逸出功

逸出功 W_s 是由光电材料（阴极材料）本身特性决定的，有些材料的逸出功 W_s 大，有些材料的逸出功 W_s 小，其表示为：

$$W_s = h\nu_0 \tag{9.1}$$

式中　ν_0——阀频率。

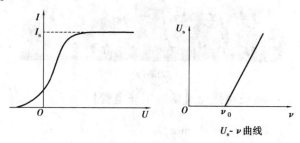

U_s-ν 曲线

图 9.9　光电管的伏安特性曲线

要使光电材料有比较宽的频率响应，选取 ν_0 比较小的阴极材料比较好，因此，在光电效应的实际应用中怎么选取，研制光电材料是一个很重要的课题。

因此，W_s 与入射的频率 ν，阴极电子的初动能 $1/2mv^2$，回路中的电压，电流没有关系。

只要光的频率超过某一极限频率，受光照射的金属表面立即就会逸出光电子，发生光电效应。当在金属外面加一个闭合电路，加上正向电源，这些逸出的光电子全部到达阳极便形成所谓的光电流。光电流的大小要受到光电子数量的约束，有一个最大值，这个值就是饱和电流（high saturation）。

4）爱因斯坦光电效应方程

$$h\nu = \frac{1}{2}mv^2 + W_s \tag{9.2}$$

①爱因斯坦将光看成粒子流，每个粒子称为光量子，其能量为 $h\nu$，运动的速度为光速，光子的静止质量为零。

②$\frac{1}{2}mv^2$ 为电子所具备的动能。

③W_s 为电子离开阴极表面所做的功即逸出功。

④光电效应的微观解释。当光子钻进阴极材料表面层时，其将 $h\nu$ 的全部能量交给了某个电子，使电子获得了更大的动能，当动能大于逸出功时，电子以法线速度离开阴极材料表面，形成光电流。

根据爱因斯坦光电效应理论，光是粒子流，即由光子组成。光强 P 越大，光子的密度越大，具有一定频率的光子与阴极材料表面的电子碰撞交换能量的概率越大，产生光电子的数目越多，回路中电流越大，因此 $I_m \propto P$，产生光电流的条件是，入射光的频率必须 $\nu \geqslant \nu_0$，与光强 P 无关，所以缺乏 $\nu \geqslant \nu_0$ 的条件，P 再大，也不能产生光电流。

（3）操作要点

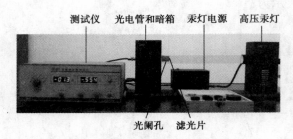

1）测试前准备（本实验禁止用强光直接照射光电管）

将测试仪及汞灯电源接通，预热 20 min。

把汞灯及光电管暗盒遮光盖盖上，将汞灯暗盒光输出口对准光电管暗盒光输入口，调整光电管与汞灯距离为 40 cm 并保持不变。

用专用连接线将光电管暗盒电压输入端与测试仪电压输出端（后面板上）连接起来（红—红，蓝—蓝）。

调零：将"电流量程"选择开关置于所选挡位，仪器在充分预热后，进行测试前调零。调零时，将"调零/测量"切换开关切换到"调零"挡位，旋转"电流调零"旋钮使电流指示为"000"。调节好后，将"调零/测量"切换开关切换到"测试"挡位，就可以进行实验了。

注意：在进行每一组实验前，必须按照上面的调零方法进行调零，否则会影响实验精度。

2）测普朗克常数 h

测量：将电压选择按键置于 $-2\sim0$ V 挡；将仪器按照前面方法调零；将直径 4 mm 的光阑及 365.0 nm 的滤色片装在光电管暗盒光输入口上。

从低到高调节电压，用"零电流法"测量该波长对应的 U_s（建议取 $+0$ 点电流对应的电压），并将数据记于表 9.1 中。

依次换上 404.7 nm，435.8 nm，546.1 nm，577.0 nm 的滤色片，重复以上测量步骤。

表 9.1 测普朗克常数数据表（即 $U_s\text{-}\nu$ 关系数据表）

光阑孔 $\phi = 4$ mm 电流(10^{-13}A)挡 电压($-2\sim0$ V)挡	波长 λ/nm	365.0	404.7	435.8	546.1	577.0
	频率 ν/$\times10^{14}$ Hz	8.214	7.408	6.879	5.490	5.196
	截止电压 U_s/V					

3）测光电管的伏安特性曲线

将电压选择按键置于 $-2\sim+30$ V 挡；选择合适的"电流量程"挡位；将仪器按照前面方法调零。将直径 2 mm 的光阑及 435.8 nm 的滤色片装在光电管暗盒光输入口上。

从低到高调节电压,记录电流从零到非零点所对应的电压值作为截止电压 U_s(建议取 +0 点电流对应的电压),以后电压每变化一定值记录一组数据于表 9.2 中。

表 9.2　测伏安特性曲线数据表(即 I-V 特性曲线)

光阑孔 $\phi = 2$ mm 波长 $\lambda = 435.8$ nm 电流(10^{-12} A)挡 电压($-2 \sim +30$)挡	U/V	U_s				0.0	0.2	0.4	0.6	0.8	1.0
	I/A	0.0									
	U/V	2.0	3.0	4.0	5.0	6.0					30.0
	I/A										

4)验证饱和光电流 I_m 与入射光强度 P 成正比

当 U 为 30 V 时,将"电流量程"选择开关置于 10^{-11} A 挡(如遇个别仪器此挡位电流有溢出现象时,可选择 10^{-10} A 挡),将仪器按照前述方法调零。在同一谱线,在同一入射距离下,记录光阑分别为 2 mm,4 mm,8 mm 时对应的饱和光电流值于表 9.3 中。

由于照到光电管上的光强与光阑面积成正比,用表 9.3 数据验证光电管的饱和光电流与入射光强成正比。

表 9.3　验证饱和光电流 I_m 与入射光强度 P 成正比数据表

波长 λ(435.8nm) 电流 I(10^{-11A})挡 电压 U($-2 \sim +30$V)挡	光阑孔 ϕ/mm	$\phi2$	$\phi4$	$\phi8$
	饱和光电流 I_m/A			
	电压 U/V			

注意事项:在仪器的使用过程中,汞灯不宜直接照射光电管,也不宜长时间连续照射加有光阑和滤光片的光电管,如此将减少光电管的使用寿命。实验完成后,请将光电管用光电管暗盒盖遮住。

(4)数据处理

①将表 9.1 数据用 Excel 软件或者坐标纸作 U_s-ν 直线,由图求出直线斜率 k。

求出直线斜率 k 后,可用 $h = ek$ 求出普朗克常数,并与 h 的公认值 h_0 比较求出相对误差 $E = \dfrac{h - h_o}{h_o}$,式中 $e = 1.602 \times 10^{-19}$ C, $h_o = 6.626 \times 10^{-34}$ J·S。

②将表 9.2 数据用 Excel 软件或者坐标纸作出对应的伏安特性曲线。

③将表 9.3 中饱和光电流值数据比验证一下是否满足 1:4:16。

（5）例题

例题1 在牛顿时期,对光的本质的解释的争论中,牛顿也提出了光的微粒说,请问牛顿的"微粒说"与爱因斯坦的"光量子"有何区别?

解 牛顿提出的粒子是实物粒子和爱因斯坦的光子有本质的区别,一个是静止质量不为零的粒子,一个是以光速运动静止时质量为零的粒子。

例题2 可以根据什么理论用实验测出普朗克常数 h?

解 理论依据:$\frac{1}{2}mv^2 = h\nu - W_s = eU_s$

$$U_s = \frac{h}{e}\nu - \frac{W_s}{e}$$

化为线性方程:$y = ax + b$

其中:$y = U_s$;$x = \nu$;$a = \frac{h}{e}$;$b = \frac{W_s}{e}$

斜率:$\frac{h}{e} = \frac{\Delta U_s}{\Delta \nu}$ 得 $h = \frac{\Delta U_s}{\Delta \nu}e$ 以此为依据在实验用不同频率的光,本实验选取了5种不同频率的光,分别测出每种频率的光所对应的截止电压,得到5组数据:

U_1	U_2	U_3	U_4	U_5
ν_1	ν_2	ν_3	ν_4	ν_5

根据5组数据作出 U_s-P 的关系图,由此选取两个点,求出斜率,即可求出 h。

（6）习题

1）填空题

①一定＿＿＿＿＿＿的光照射到金属表面使电子从表面逸出的现象称为光电效应。

②光电效应实验采用＿＿＿＿＿＿＿法测普朗克常量。

③在光电管中阴极材料的逸出电位比阳极材料的逸出电位要＿＿＿＿＿。

④光电效应实验中,为保证仪器工作稳定正式开始测量前,光源和仪器都必须＿＿＿＿＿＿＿＿＿＿＿＿。

⑤在光电效应实验过程中,如果需要更换滤色片,则必须先完成的一项操作是＿＿＿＿＿＿＿＿＿＿＿＿＿＿。

⑥在光电效应实验中,影响光电流使其偏离理论值的因素有＿＿＿＿＿＿＿＿＿,＿＿＿＿＿＿＿＿和＿＿＿＿＿＿＿＿。

⑦在光电效应实验,截止电压的测量方法主要有_____和_____。

⑧如果用孔径分别为 2 mm,4 mm 和 8 mm 的小孔光阑来限制通光量,则理论上其相应的饱和光电流大小之比为_____。

⑨如果光电管与灯源的距离分别为 200 mm,300 mm 和 400 mm,则理论上其对应的饱和光电流之整数比为_____。

⑩光电效应验证了光的_____理论。

⑪光电效应的光量子解释是说:频率为 ν 的光以_____的能量单位(光量子)的形式_____地向外辐射,自由电子吸收一个_____的能量_____后,一部分用于_____,剩下一部分就是电子逸出金属表面后具有的最大初动能_____。

⑫在公式 $eU_s = h\nu - W_s$ 中,对于不同频率的单色光照射同一光电管(h、e 和 W_s 一定),可得不同的_____,并且_____与_____成_____关系,其直线斜率为_____。

⑬在光电效应实验中 U_s-ν 曲线与_____轴的交点值称为_____频率 ν_0,当入射光频率 ν _____ ν_0 时,无论光强多大,都不能释放出_____,故 ν_0 又称为_____频率或_____频率。

⑭在光电效应实验中 U_s-ν 曲线与_____轴的交点值(如果不考虑接触电位差)称为_____电势 U_0,用公式 $eU_0 = h\nu - W_s$(此时 $\nu = 0$)可以求出该光电管_____极金属的_____。

⑮在光电效应实验中,从实测的 I-V 特性曲线中可以看出:当入射光_____一定时,_____随两极_____的增加而增大;但当_____增加到一定值时,_____不再增加,即达到一_____值 I_m,这表明光电流 I_m 达到饱和状态。

⑯从 I-V 特性曲线中可以看出,当加速电压 V 减小到零并逐渐为负值时,光电流减小但_____,只有当反向电压值等于_____时,光电流才等于_____,此时电压 U_0 即称为_____。

⑰光电效应具有_____特性。

⑱利用光电效应的原理可以制成多种器件,如_____。这些器件可用于_____和_____光的强度,并能把_____讯号转变成_____讯号,在非电量电测和自动控制中有着广泛的应用。

2)选择题

①关于光电效应,下面正确的说法是(　　)。

A. $h\nu = \frac{1}{2}mv^2 + W_s$ 方程中,$h\nu$ 为光子的总能量,$\frac{1}{2}mv^2$ 为光子的动能。

B. 入射光强足够大就会有光电流产生,光强越强,光电流就越大。

C. 入射光的频率越高出射光电子的初动能就越大。

D. 实验中,截止电压与入射光频率成正比。

②在光电效应实验中,对出射光电子数目有显著影响的是(　　)。

A. 光强　　　　　　　　　　　B. 频率

C. 反向电压　　　　　　　　D. 正向电压

③在光电效应实验中,下列说法不正确的是(　　)。

A. 若用黄色滤光片不能产生光电效应,则用蓝色滤光片有可能产生光电效应

B. 只有当入射光的频率大于阈频率时,才能产生光电效应

C. 逐渐增大光强,总可以产生光电效应

D. 入射光的波长越短,逸出的电子的初动能就越大

④下列光电效应的特性哪些是经典物理学所不能解释的?(　　)

A. 光电效应的红限频率

B. 光电流的饱和特性

C. 光电效应的瞬时性

D. 光电子出射方向与光照方向的无关性

(7)参考答案

1)填空题

①频率

②减速场

③低

④充分预热

⑤遮盖光源孔

⑥阳极光电流,暗电流和阴极材料氧化

⑦交点法和拐点法

⑧$1:4:16$

⑨$36:16:9$

⑩量子化

⑪$h\nu$　一份一份　光子　$h\nu$　逸出功 W_s, $\frac{1}{2}mv_{max}^2$

⑫截止电压值 U_s　截止电压值 U_s　入射光频率 ν　线性　h/e

⑬横　阈　$<$　光电子　截止　极限

⑭纵　逸出　阴　逸出功 $W_0 = eU_0$

⑮频率 ν　光电流　电压　电压　光电流　饱和　正比

⑯不为零　U_0　零　截止电压

⑰瞬时

⑱光电管,光电倍增管,电视摄像管　记录　测量　光　电

2)选择题

①CD　②A　③C　④ABCD

10

分光计的调整与玻璃三棱镜折射率的测量

Adjustment of the spectrometer and measurement of glass prism refractive index

(1) 实验背景

三棱镜是由透明材料制作成的截面呈三角形的光学仪器,也称"棱镜",如图 10.1 所示。光学上将横截面为三角形的透明体称为三棱镜,光密媒质的棱镜放在光疏媒质中(通常在空气中),入射到棱镜侧面的光线经棱镜折射后向棱镜底面偏折。1665 年,英国物理学家牛顿做了一次非常著名的实验,他用三棱镜将太阳白光分解为红、橙、黄、绿、蓝、靛、紫的七色色带。

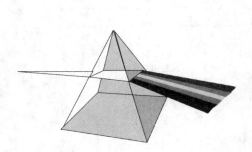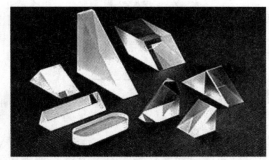

图 10.1　三棱镜

分光计是精确测定光线偏转角的仪器,也称测角仪。光学中的许多基本量如波长、折射率等都可以直接或间接地表现为光线的偏转角,因而利用分光计可测量波长、折射率等,折射率越大,材料的出光性越好。它不仅可以用来测量玻璃三棱镜的折射率,还可以用来测量其他的透明材料在不同波长下的折射率。使用分光计时必须经过一系列精细的调整才能得到准确的结果,其调整技术是光学实验中的基本技术之一,必须正确掌握。图 10.2 所示为用分光计来测量透明聚合物材料的折射率。

（2）重点、难点

1）三棱镜的偏向角与入射角的关系

如图 10.3 所示，ABC 是三棱镜的主截面，设三棱镜的顶角为 A，单色平行光射到 AB 面上发生折射。由图中的几何关系与光的折射定律可得到三棱镜的偏向角 δ 与入射角 i 的一般表达式：

$$\delta = \arcsin\left(\sqrt{n^2 - \sin^2 i}\,\sin A - \cos A \sin i\right) + i - A$$

$$（10.1）$$

取 $A = 60$，$n = 1.6$，用 MATLAB 绘出偏向角 δ 与入射角 i 的关系曲线，如图 10.3 所示。

图 10.2　分光计测折射率

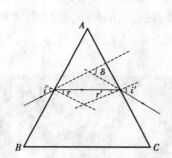

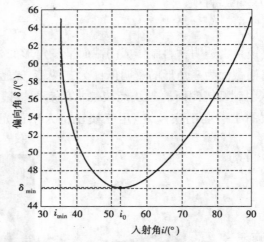

图 10.3　三棱镜的偏向角与入射角 i 的关系

2）三棱镜顶角的测量

测量三棱镜顶角的方法有反射法和自准法。

①反射法。测量原理如图 10.4 所示，一束平行光由顶角方向射入，在两光学面上分成两束反射光。测出两束反射光线之间的夹角 Φ，则可得到顶角 A：

$$A = \frac{\Phi}{2} \tag{10.2}$$

②自准直法。测量原理如图 10.5 所示，将载物台调整好之后，可将三棱镜放置在载物台上，固定望远镜及读数盘、旋转载物台，使三棱镜的两个工作面分别垂直于望远镜的主光轴，从三棱镜的两反射面反射回来的十字像，均与分光板的调整准线（分划板上方的十字叉线）重合。这两个角位置之差即为三棱镜两工作面的法线的夹角 Φ，则可得顶角 A：

$$A = 180 - \Phi \tag{10.3}$$

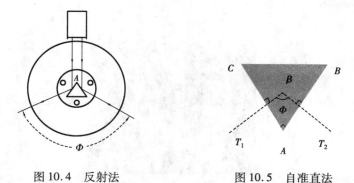

图 10.4 反射法   图 10.5 自准直法

3)最小偏向角 $\delta_{\min}$ 的判断与棱镜玻璃折射率 n 的测定

偏向角是入射光与出射光之间的夹角,随着入射角由小增大,偏向角先减小再增大,中间有一个极小值,此时入射角与出射角相等。在实验中,旋转载物台(三棱镜随之旋转,对应入射角的改变)时,观察折射光线的移动情况。当看到折射光线向偏向角减小的方向移动时,继续沿此方向转动载物台,就会看到当载物台转至某一位置时,折射光线不再移动,此后,该折射光线向偏向角增大的方向移动,这一光线移动方向发生转折的位置就是最小偏向角所在位置,如图 10.6 所示。

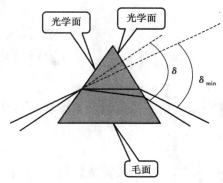

图 10.6 偏向角

当 $\delta = \delta_{\min}$ 时,三棱镜的折射率 n:

$$n = \frac{\sin\dfrac{\delta_{\min}+A}{2}}{\sin\dfrac{A}{2}} \tag{10.4}$$

(3)操作要点

分光计的主要组成部分如图 10.7 所示。

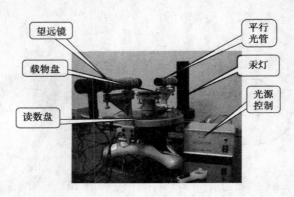

图 10.7　分光计主要组成部分

1) 分光计的调节方法

①调节要求。三垂直——望远镜轴线垂直中心转轴;载物平台垂直中心转轴;平行光管轴线垂直中心转轴。

②调节步骤。调节步骤如图 10.8 所示。

图 10.8　调节步骤

a. 目测粗调。调节方法:调节望远镜的仰角调节螺丝和载物平台下的 3 个调节螺丝,使望远镜和平台基本水平。

调节要求如下所述。

●将双面反射镜放在载物平台上,与望远镜筒垂直,视场中能看到十字光标和它经平面镜反射回来的光斑,如图 10.9 所示。

●将平台转过 180°,视场中仍能看到十字光标反射回来的光斑。

注意事项:望远镜的仰角调节螺丝和载物平台下的 3 个调节螺丝都应为后面细调预留调节余度,即不能将它们拧到极限位置。

b. 望远镜调节。

调节方法

●目镜调焦:其目的是使眼睛通过目镜能清晰地看到分划板上的叉丝刻线和十字光标。

调节方法:转动目镜调焦手轮。

②调整分划板叉丝刻线的方向,使叉丝刻线水平或竖直。方法:松开目镜套筒锁定螺丝,旋转目镜套筒。

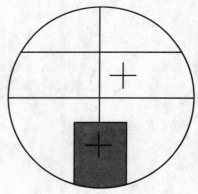

图 10.9　目测粗调

③物镜调焦:其目的是将分划板上十字光标调整到焦平面上,即望远镜对无穷远聚焦。方法:前后移动目镜套筒,使绿十字光标成像清晰,然后拧紧锁定螺丝。物镜调焦原理:分划板固定在目镜套筒中,分划板上刻有透明十字线,利用小电珠照明使其成为发光体(十字光标)。当伸缩目镜套筒,使分化板位于物镜焦平面上时,十字光标经物镜后成为平行光。该平行光经反射镜反射后依然为平行光,再经物镜会聚于焦平面(分划板平面),形成十字光标的像。

c.望远镜轴线及平台与中心转轴垂直。

• 将双面反射镜放在载物台上,使镜面处于任意两个载物台调平螺丝的连线上。并使之正对望远镜。

• 用半趋法调节螺丝 a 和望远镜的仰角螺丝,使十字光标通过反射镜成的像与分划板的上十字线重合。

• 使载物台(连同底座)转动180°,同样用半趋法调节螺丝 a 和望远镜的倾斜度螺丝,使十字光标通过反射镜另一面成的像也与分划板的上十字线重合。

• 重复上一步骤,直至双面反射镜的任一面都能使十字光标像调节到位。自此以后,不再碰动螺丝 a 和望远镜的仰角螺丝。

• 如图10.10将反射镜放在螺丝 b 和螺丝 c 连线之中的垂线上,将载物台(连同底座)旋转90°,使平面镜正对望远镜。

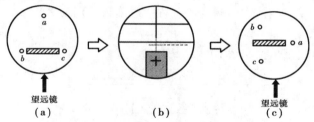

图10.10 望远镜轴线及平台与中心转轴垂直的调节过程

• 用半趋法如图10.11调节螺丝 b 和螺丝 c,使十字光标像与分划板的上十字线重合。

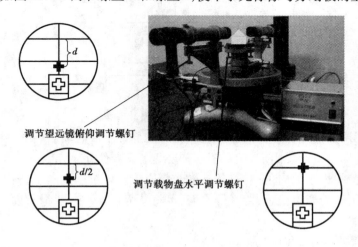

图10.11 半趋法调节

• 使载物台(连同底座)转动180°,重复上一步骤。

● 重复上一步骤,直至双面反射镜的任一面都能使十字光标像调节到位。此后不再碰动螺丝 b 和螺丝 c。

d.平行光管轴线与中心转轴垂直。

● 取走反射镜,将已调节好的望远镜正对着平行光管,打开钠灯,照亮狭缝。

● 松开狭缝套筒锁定螺丝,调节狭缝套筒前后位置,使望远镜视场中能看到清晰的狭缝像(白色)。

● 旋转狭缝套筒调节狭缝方向,使狭缝像与望远镜分划板水平叉丝平行。调节平行光管仰角螺丝,使狭缝像与分划板中间水平叉丝重合。自此以后,不再碰动平行光管仰角螺丝。

● 调节狭缝的粗细调节旋钮,使缝宽适当。一般狭缝较细测量才能准确。

e.读数系统调节。

● 将狭缝转为竖直方向,转动望远镜,使望远镜竖直叉丝对准入射光(狭缝像),然后将望远镜用止动螺丝固定。

● 将游标置于一左一右,用游标止动螺丝固定。

● 松开望远镜与刻度盘的锁定螺丝,转动刻度盘,使左右两个游标 0 刻度分别对准 90° 和 270°。立刻将望远镜与刻度盘的锁定在一起。

● 松开望远镜止动螺丝,使望远镜可以带动刻度盘转动。

目的:使望远镜对准入射光时,刻度盘左右两边读数分别为 90° 和 270°。或入射光对应的刻度盘读数为 $\theta_{左}=90°$,$\theta_{右}=270°$。

三棱镜折射率的测量步骤如图 10.12 所示。

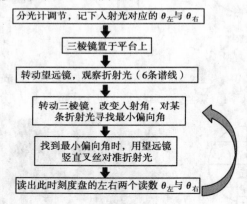

图 10.12 折射率的测量步骤

注意事项:①调节分光计时,每调好一步,调好的部件不要碰动。

②测量时,游标盘一定要固定,望远镜和刻度盘一定要锁定。

③转动三棱镜找最小偏向角,对每条折射光都应重复该过程。

④两条黄色折射光靠得很近,为区分它们,可将狭缝调小些。蓝绿折射光较弱,看不到时可将狭缝调大些。

注意:偏心误差,如图 10.13 所示。

角游标读数,如图 10.14 所示。

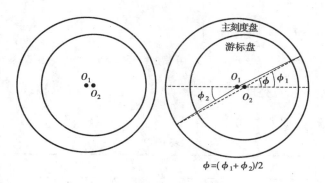

图 10.13　偏心误差图

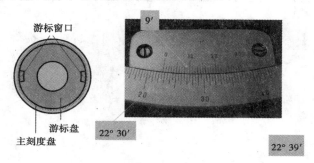

图 10.14　角游标读数图

(4)数据记录及处理

1)顶角的测量及处理

表 10.1

角度/分组	1	2	3	平均值	标准差
θ_1	0°42′	18°02′	19°29′		
θ_1'	120°44′	138°04′	139°30′		
θ_2	180°40′	198°00′	199°27′		
θ_2'	300°45′	318°05′	319°31′		
$\|\theta_1-\theta_1'\|$	120°02′00″	120°02′00″	120°01′00″	120°01′40″	28″
$\|\theta_2-\theta_2'\|$	120°05′00″	120°05′00″	120°04′00″	120°04′40″	28″
$\frac{1}{2}\left[\|\theta_1-\theta_1'\|+\|\theta_2-\theta_2'\|\right]$	120°03′30″	120°03′30″	120°02′30″	120°03′10″	28″

89

所以 $\Phi = \dfrac{1}{2} \Big[|\theta_1 - \theta_1'| + |\theta_2 - \theta_2'| \Big]$

$A = \pi - \Phi$,可得:$\overline{A} = 59°56'50''$

2)最小偏向角的测量及处理

测量次数为一次,数据见表 10.2。

表 10.2

θ_1	θ_1'	θ_2	θ_2'
107°55′	56°37′	287°53′	236°33′

$$\delta_{\min} = \frac{1}{2} \Big[|\theta_1 - \theta_1'| + |\theta_2 - \theta_2'| \Big] = 51°19'00''$$

$$n = \frac{\sin i_1}{\sin \dfrac{A}{2}} = \frac{\sin \dfrac{\delta_{\min} + A}{2}}{\sin \dfrac{A}{2}} = 1.652\ 0$$

(5)例题

例题 1　图 10.15 所示的角位置为＿＿＿＿＿＿＿＿。

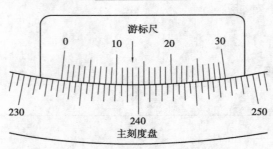

图 10.15

提示:分光计中的游标盘的读数和游标卡尺类似,只是普通游标卡尺反映的是线度,而这里是角度,量程为 0~360°。该分光计主尺的最小刻度为 0.5°或 30′。读数原则:"零前看主尺,零后看对齐"。这里"零"是指游标中的零刻度。"零前看主尺"是指整数部分读数(以主尺最小分度为单位)是由游标上零刻度对应主尺刻度的读数。"零后看对齐"则是指小数部分由游标尺上某一刻度与主尺上某一刻度对齐来确定。图中游标上零刻度处于主尺上 233°到 233°30′之间,因此主尺读数 233°,游标上 13 刻度与主尺上某一刻度对齐,因此读数为 13′,总的读数为 233°13′。

例题 2　在调整分光计的载物台时,三棱镜的两个表面反射回来的十字像都处在同一高度,但是不在望远镜叉丝的上横线上,这时应当调节(　　)。

A. 载物台   B. 平行光管

C. 目镜   D. 望远镜的俯仰

提示：两十字像都处在同一高度,说明载物台已调节好,且该光学过程与平行光管无关,目镜的调节只是用来看清分划板,正确答案是 D,调望远镜的俯仰可以使两十字像处在上叉丝上。

例题3 自准直望远镜调焦到无穷远时,分划板位于＿＿＿＿＿＿＿＿＿＿＿＿;要使平行光管出射的光是平行光,狭缝应在会聚透镜的＿＿＿＿＿＿＿＿＿＿＿处。

答案:物镜的后焦面,目镜的前焦面上。

自准直望远镜调焦到无穷远时,只有分划板处于物镜的后焦面上时,其上的绿十字成像于无穷远,经反射镜反射回来再经过物镜成像于分划板上,由目镜观察。平行光管的狭缝像处于透镜的前焦面上,成像于无穷远,即产生平行光。

例题4 在测量玻璃三棱镜折射率实验中,已知顶角为60°,最小偏向角的测量结果见表10.3,计算该三棱镜玻璃材料的折射率。

计算:最小偏向角 $\delta = \Psi_入 - \Psi_出$

游标 I $\delta_I = 73°59' - 35°17' = 38°42'$

游标 II $\delta_{II} = 253°57' - 215°18' = 38°39'$

取平均 $\delta = \dfrac{38°42' + 38°39'}{2} = 38°40'$（四舍六入五凑偶）

表 10.3

游标	$\Psi_入$	$\Psi_出$
I	35°17′	73°58′
II	215°19′	253°57′

玻璃的折射率:

$$n = \frac{\sin\dfrac{\delta_{min} + A}{2}}{\sin\dfrac{A}{2}} = \frac{\sin(19°20' + 30°)}{\sin 30°}$$

$$= 2\,\sin 49°20' = 1.517$$

（对结果的有效位数应当以有效数字计算法则或不确定度计算为准）

（6）习题

1）填空题

①分光计的刻度盘上有 720 个分格,每一格为 30′,角游标的 30 个分隔对应着刻度盘上的 29 个分格,该游标的最小分度值为＿＿＿＿＿。

②分光计设置两个角游标是为了消除_____。

③分光计的量程是_____。

④分光计调整的要求是_____能够接受平行光,使_____能够发射平行光,平行光管和望远镜的主光轴与_____垂直,三棱镜的_____与仪器的中心转轴垂直。

⑤棱镜的偏向角是指_____和_____之间的夹角。其大小随_____而变,当_____时,偏向角最小。

⑥不同波长的光对同一棱镜有_____(相同或不同)的最小偏向角。

⑦分光计是一种精确测量_____的光学仪器。

⑧分光计的读数盘如图10.16所示,该角位置为_____。

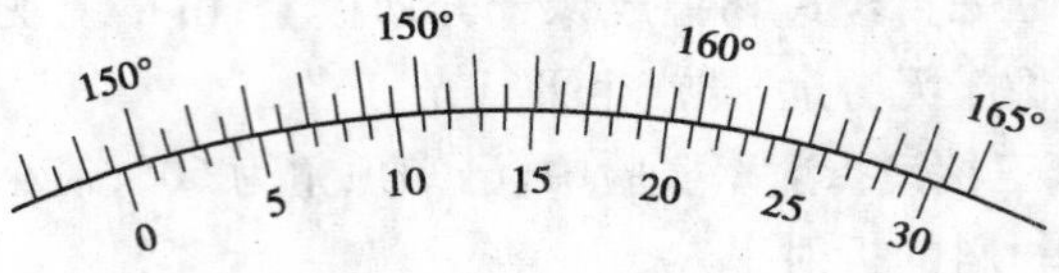

图 10.16

⑨光计的读数盘如图10.17所示,该角位置为_____。

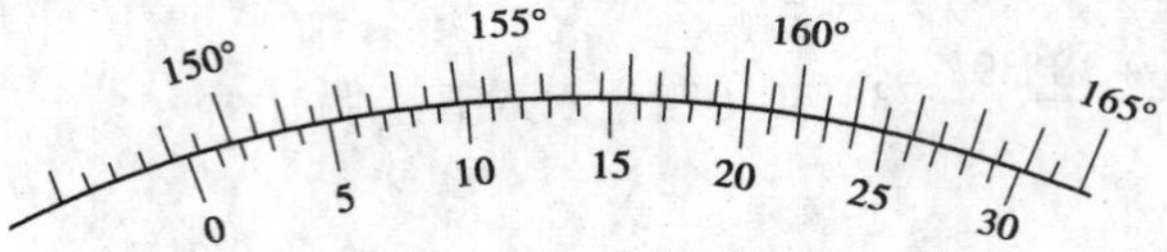

图 10.17

⑩转动望远镜时,初始角位置为 Φ_1,转动过程中越过了刻度0点,末角位置为 Φ_2,望远镜转过的角度 $\Phi =$ _____。

⑪测棱镜顶角可以使用反射法和自准法,当入射光的平行度不好时,用_____方法测顶角误差较小。

2)选择题

①在观察日光灯的光谱时发现不同颜色的谱线清晰,但是较宽,互相重叠,应调节_____。

    A.狭缝宽度   B.狭缝到汇聚透镜的距离

    C.望远镜调焦   D.日光灯到狭缝距离

②望远镜作自准直调节时,观察到返回的十字像来自_____。

    A.日光灯   B.分划板下方的十字刻线

    C.叉丝   D.外界

③在分光计实验中,对于三棱镜顶角和光学表面法线方向的测量分别属于_____。

    A.直接测量和间接测量   B.间接测量和直接测量

    C.直接测量和直接测量   D.间接测量和间接测量

④载物台上有夹角为120°的3条刻线,每条线对应一个调平螺钉,等边三棱镜在载物台上的正确放置方法是_____。

A. 三棱镜每一个面被对应刻线垂直平分

B. 三棱镜每一个顶角处在对应刻线上

C. 三棱镜每一个面被对应刻线以 2/3 比例分割

D. 任意放置

⑤在测量最小偏向角时,进入三棱镜的光线的入射角的改变是通过_____来实现的。

A. 旋转载物台　　　　　　　　　　B. 改变狭缝的方向

C. 转动望远镜　　　　　　　　　　D. 平移三棱镜

⑥在寻找最小偏向角对应位置时,旋转载物台的方向的依据是_____。

A. 折射光线向偏向角减小的方向移动

B. 折射光线向偏向角增大的方向移动

C. 折射光线向偏向角先减小后增大的方向移动

D. 折射光线向偏向角先增大后减小的方向移动

⑦测量最小偏向角时,工作顺序是_____。

A. 先记录入射光的角位置,再寻找并记录折射光的角位置

B. 先记录出射光的角位置,再寻找并记录入射光的角位置

C. 同时记录入射光,折射光的角位置

D. 任意顺序

⑧几个同学记录了最小偏向角的测量结果,哪一个肯定是错误的_____。

A.

游标	$\Psi_入$	$\Psi_出$
I	35°17′	73°58′
II	215°19′	253°57′

B.

游标	$\Psi_入$	$\Psi_出$
I	35°17′	73°58′
II	135°19′	173°57′

C.

游标	$\Psi_入$	$\Psi_出$
I	45°17′	83°58′
II	225°19′	263°57′

D.

游标	$\Psi_入$	$\Psi_出$
I	15°17′	53°58′
II	195°19′	233°57′

⑨平行光管的狭缝与分光计的转轴的空间关系是_____。

A. 垂直　　　　　　　　　　　　　B. 平行

C. 成 45°　　　　　　　　　　　　D. 任意

⑩在寻找最小偏向角位置时,下面说法正确的是_____。

A. 望远镜与主尺锁定,游标盘与载物台一起转动

B. 游标盘与载物锁定,望远镜与主尺一起转动

C. 游标盘与载物一起转动,望远镜与主尺一起转动

D. 望远镜与主尺锁定,游标盘与载物台锁定

⑪在分光计实验中,当眼睛在目镜端上下微微移动时,可能会发现反射十字像与分划板上的叉丝有相对运动,这种现象称为视差。为了消除视差,应该调节_____。

A. 目镜   B. 物镜

C. 望远镜的俯仰   D. 载物台

3) 设计题

用所给实验仪器设计一个测量液体中超声波的传播速度的实验,并给出实验步骤和计算公式。

器材:分光计,水槽,超声换能器及电源,钠灯(波长已知)。

(7) 参考答案

1) 填空题

①1′

②偏心差

③ 0°～360°

④望远镜　平行光管　仪器中心转轴　主截面

⑤入射光　出射光　入射角　入射角等于出射角

⑥不同

⑦角度

⑧149°40′

⑨149°25′

⑩360° － $|\Phi_2 - \Phi_1|$

⑪自准直

2) 选择题

①A

②B

③B

④A

⑤A

⑥A C

⑦B

⑧B

⑨B

⑩A

⑪A

3)设计题

提示:分光计是测量角度的仪器。在声光衍射实验中,实验目的是测量 λ_s。根据光栅衍射方程: $\lambda_s \sin \theta = k\lambda$,有 $\lambda_s = k\lambda / \sin \theta$。用分光计可以测量衍射角 θ,从而得出 λ_s。光源是钠灯经平行光管形成的平行光束,衍射角的测量类似三棱镜的偏向角测量。

11

等厚干涉实验——牛顿环和劈尖干涉

Wedge interference and Newtonian rings

(1) 实验背景

　　干涉现象是波动独有的特征。当两束相干光(频率相同、振动方向相同、相位差恒定)在空间相遇时发生叠加,在某些区域合成光波的光强始终得到加强,某些区域合成光波的光强始终减弱,从而在相遇的区域内出现明暗相间的条纹,这种现象称为光的干涉。光的干涉现象是光的波动性最直接、最有力的实验证据。生活中能见到的诸如五颜六色的肥皂泡、阳光下水面上油膜的颜色、蝴蝶和孔雀身上的颜色等(图11.1),都是光的干涉的直接结果。

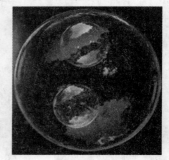

(a)蝴蝶翅膀　　　　　　　　(b)水上的油膜　　　　　　　(c)肥皂水泡泡

图11.1　自然界中薄膜干涉实例

　　但是要观察光的干涉图像,必须获得相干光。目前一般有两种获得相干光的方法——分波阵面法和分振幅法。最典型的分振幅干涉装置是薄膜干涉,其是利用透明薄膜的上下表面对入射光的反射、折射,将入射能量(也可以说振幅)分成若干部分,然后在空间相遇而形成的干涉现象。薄膜干涉一般分为等厚干涉和等倾干涉。等厚干涉是由平行光入射到厚度变化均匀、折射率均匀的薄膜上、下表面而形成的干涉条纹;同一级干涉条纹总是由薄膜厚度相同的地方形成,故称等厚干涉。牛顿环和楔形薄膜干涉都属于等厚干涉。等倾干涉是由于入射角相同的光经厚度均匀薄膜两表面反射形成的反射光在相遇点有相同的光程差,形成同一级条纹,这种干涉称为等倾干涉。故这些入射角不同的光经薄膜反射所形成的干涉花样是一些明暗相间的同心圆环。本书中的迈克尔孙干涉仪实验中形成的干涉条纹就是典型的等倾干涉,详见实验12。

(2)重点、难点

1)光程

根据波的干涉理论,两列波相遇时干涉结果是由两列波的位相差唯一确定的。但是在两束相干光通过不同介质的时候,位相差不能单纯地由几何路程差来决定。

假设有一束频率为 ν 的单色光,其在真空中的波长为 λ,在折射率为 n 的介质中,根据折射率的定义式,介质中其波长为 $\lambda_n = \lambda/n$。当此单色光在介质中传播的几何路程为 r 的时候,产生相应的位相变化为:

$$\Delta\varphi = 2\pi \frac{r}{\lambda_n} = \frac{2\pi}{\lambda} \cdot nr \tag{11.1}$$

如果此单色光在真空中传播的几何路程为 l,产生同样的位相差,则有:

$$\Delta\varphi = 2\pi \frac{l}{\lambda} \tag{11.2}$$

比较可知:

$$2\pi \frac{l}{\lambda} = \frac{2\pi}{\lambda} \cdot nr \tag{11.3}$$

得到光程定义:

$$l = nr \tag{11.4}$$

当光连续经过几种介质的时候,光程:

$$l = \sum n_i r_i \tag{11.5}$$

光程定义为光在介质中通过的路程 r 和该介质折射率 n 的乘积。光程 l 是一个折合量,可以理解为在相同时间内光线在真空中传播的路程,也可以理解为在传播时间相同或者相位改变相同的条件下,把光在介质中传播的路程折合为光在真空中传播相应路程。

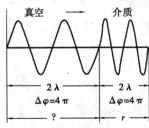

图 11.2　光程定义

图 11.3　光程差

2) 光程差

光程差定义为两束光到达某点的光程的差值：

$$\Delta = \sum n_{2i}r_{2i} - \sum n_{1i}r_{1i} \tag{11.6}$$

如图 11.3 所示，当两束相干光分别在两种介质中传播到 P 点的时候，对应产生的光程差应表示为：

$$\Delta = n_2 r_2 - n_1 r_1 \tag{11.7}$$

其对应的位相差为：

$$\Delta\varphi = 2\pi\frac{r_1}{\lambda_{n_1}} - 2\pi\frac{r_2}{\lambda_{n_2}} = \frac{2\pi}{\lambda}(n_1 r_1 - n_2 r_2) = \frac{2\pi}{\lambda}\Delta \tag{11.8}$$

光程差与位相差有直接的正比关系，故当两束光相遇并发生干涉时，形成的明暗条纹的条件可以完全由光程差直接确定：

$$\Delta = \begin{cases} m\lambda & m=1,2,3,\cdots,\text{为明纹} \\ \dfrac{(2m+1)\lambda}{2} & m=0,1,2,\cdots,\text{为暗纹} \end{cases} \tag{11.9}$$

3) 半波损失

半波损失是指当光从光疏介质（折射率 n 相对较小）射向光密介质（折射率 n 相对较大）时，反射光的相位会发生 π 的突变，相当于光程相差半个波长，因此产生一个附加光程差 $\delta' = \lambda/2$。

注意：①透射光不会产生半波损失。

②光从光密介质入射到光疏介质的界面并被反射的时候不会产生半波损失。

在计算光程差的时候，一定要考虑光路中由于光发生反射可能会产生的附加光程差。

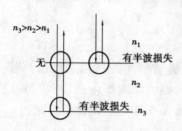

图 11.4　半波损失示意图

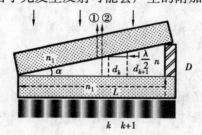

图 11.5　劈尖干涉原理示意图

4) 劈尖干涉

在两个光学平玻璃板中间的一端插入一薄片（或细丝），则在两玻璃板间形成一空气劈尖。如图 11.5 所示，入射光线在上玻璃板的下表面和下玻璃板的上表面分别产生反射光线①和②，二者在上玻璃板上方经过凸透镜相遇，由于两束光线都是由同一束光线分出来的（分振幅法），满足相干条件，相遇时会产生干涉现象。显然光线②比光线①多传播了一段距离 $2d$，产生光程差 $2nd$（n 为空气薄膜的折射率，空气折射率 $n = 1.000\,27 \approx 1$）。此外，由于光线②在传播过程中发生了反射，并且是从光疏介质（空气）中射向光密介质（下玻璃板）发生的

反射,会产生半波损失。因此其光程差为:

$$\Delta = 2nd + \frac{\lambda}{2} \approx 2d + \frac{\lambda}{2} \tag{11.10}$$

式中 d——空气隙的厚度。

由此可知,干涉条纹的明暗取决于条纹所在位置的薄膜厚度,所以同一条干涉条纹对应的空气劈尖厚度 d 都相等,因此,劈尖干涉条纹是一系列平行于劈尖棱边的间隔相等的明暗相同的直条纹,即等厚干涉条纹。

同样,根据等厚干涉中暗纹条件:

$$\Delta = 2d + \frac{\lambda}{2} = (2k+1)\frac{\lambda}{2} \quad (k = 0, 1, 2, 3, \cdots) \tag{11.11}$$

可得,第 k 级暗条纹对应的空气层厚度为: $d_k = k\lambda/2$,劈尖对应位置的空气层厚度为 0,正好满足第 0 级暗条纹的条件,所以劈尖位置会出现暗条纹。同时,任意两个相邻暗条纹对应空气层厚度差等于 $\lambda/2$,如果夹薄片后劈尖正好呈现 N 级暗纹,则薄层厚度为: $D = N\lambda/2$ 。

用 α 表示劈尖形空气隙的夹角、Δx 表示相邻 n 个暗纹间的水平距离、L 表示劈尖的总长度,则易知相邻 n 个暗纹对应的空气层厚度差为 $\Delta d = n\lambda/2$ 。

根据三角形相似原理,很容易得到:

$$\alpha \approx \tan \alpha = \frac{\frac{n\lambda}{2}}{\Delta x} = \frac{D}{L} \tag{11.12}$$

可得相应的薄片厚度:

$$D = \frac{L}{\Delta x} \cdot \frac{n\lambda}{2} \tag{11.13}$$

由上式可知,如果能数出空气劈尖上总的暗条纹数,或测出劈尖的 L 和相邻 n 个暗纹间的距离 Δx ,都可以由已知光源的波长 λ 测定薄片厚度(或细丝直径)D 。本实验中 n 取 20,则 $D = \frac{10L\lambda}{\Delta x}$ 。

5)牛顿环干涉

当一块曲率半径很大的平凸透镜的凸面放在一块光学平板玻璃上就形成了牛顿环。

当单色光垂直照射于牛顿环装置时(图 11.6),如果从反射光的方向观察,就可以看到透镜与平板玻璃接触处有一个暗点,周围环绕着一簇同心的明暗相间的内疏外密圆环,这些圆环就称为牛顿环,如图 11.6 所示。离接触点等距离的地方,空气层厚度相同,对应同一级干涉条纹,因此,干涉条纹是明暗相间的以接触点为中心的同心圆。

如图 11.6 所示,当透镜凸面的曲率半径(curvature radius)R很大时,根据薄膜干涉的特点,空气薄膜上形成的两相干光的总光程差为:

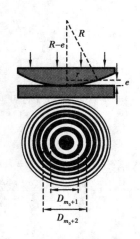

图 11.6 牛顿环干涉示意图

$$\Delta = 2e + \frac{\lambda}{2} \qquad\qquad (11.14)$$

设透镜 L 的曲率半径为 R,r 为环形干涉条纹的半径,且半径为 r 的环形条纹下面的空气厚度为 e,则由图 11.6 中的几何关系可知:

$$r_k^2 = R^2 - (R - e_k)^2 = 2Re_k - e_k^2 \qquad\qquad (11.15)$$

因为 R 远大于 e,故可略去 e^2 项,则可得:

$$e = \frac{r^2}{2R} \qquad\qquad (11.16)$$

这一结果表明,离中心越远,光程差增加越快,所看到的牛顿环也变得越来越密。将 e 代入 $\Delta = 2e + \frac{\lambda}{2}$ 光程差公式,可得:

$$\Delta = \frac{r^2}{R} + \frac{\lambda}{2} \qquad\qquad (11.17)$$

则根据牛顿环的明暗纹条件

$$\Delta = \frac{r^2}{R} + \frac{\lambda}{2} = (2m+1)\frac{\lambda}{2} \quad m = 0,1,2,\cdots \text{(暗纹)} \qquad (11.18)$$

可得,牛顿环的第 m 级暗纹半径 r_m 为:

$$r_m = \sqrt{mR\lambda} \qquad\qquad (11.19)$$

由上可知,当 λ 已知时,只要测出第 m 级暗环的半径,就可计算出透镜的曲率半径 R;相反,当 R 已知时,即可算出 λ。

由暗纹的半径公式,可见透镜与平板玻璃接触处 $r_k = 0$,故为一个暗点。但是观察牛顿环时将会发现,牛顿环中心不是一点,而是一个不甚清晰的暗斑。其原因是透镜和平玻璃板接触时,由于接触压力引起形变,使接触处为一圆面,这会给测量带来较大的系统误差。

可采用两种方法来消除这个系统误差。

①可通过测量距中心较远的、比较清晰的两个暗环纹的半径的平方差来消除附加程差带来的误差。假定附加厚度为 a,则光程差为:

$$\Delta = 2(d \pm a) + \frac{\lambda}{2} = (2m+1)\frac{\lambda}{2} \qquad\qquad (11.20)$$

则 $d = m \cdot \frac{\lambda}{2} \pm a$,将 d 代入光程差公式可得:

$$r^2 = mR\lambda \pm 2Ra \qquad\qquad (11.21)$$

取第 m、n 级暗条纹,则对应的暗环半径为:

$$r_m^2 = mR\lambda \pm 2R\lambda$$
$$r_n^2 = nR\lambda \pm 2R\lambda$$

将两式相减,得 $r_m^2 - r_n^2 = (m-n)R\lambda$。由此可见 $r_m^2 - r_n^2$ 与附加厚度 a 无关。

由于暗环圆心不易确定,故取暗环的直径替换,故透镜的曲率半径为:

$$R = \frac{D_m^2 - D_n^2}{4(m-n)\lambda} \qquad\qquad (11.22)$$

由此式可以看出,半径 R 与附加厚度无关,且有以下特点:

a. R 与环数差 $m-n$ 有关。

b. 对于 $(D_m^2 - D_n^2)$，由几何关系可以证明，两同心圆直径平方差等于对应弦的平方差。因此，测量时无须确定环心位置，只要测出同心暗环对应的弦长即可。

在本实验中，入射光波长已知（$\lambda = 589.3$ nm），只要测出 (D_m, D_n)，就可求得透镜的曲率半径。

②本实验采用的方法。可以假设中间黑色圆斑对应的条纹为 m_0 级（m_0 为常量），从内到外依次为 $m_0+1, m_0+2, m_0+3, m_0+4, m_0+5, m_0+6, \cdots, m_0+m$ 级。

根据暗纹条件，第 m_0+m 级暗纹对应的半径为 $r_m^2 = (m+m_0)R\lambda$。

同样，由于暗环圆心不易确定，故取暗环的直径替换半径，可得：

$$D_m^2 = 4\lambda Rm + 4m_0 R\lambda \qquad (11.23)$$

设 $x = m, y = D_m^2, k = 4\lambda R, b = 4m_0 R\lambda$，则可得 $y = kx + b$，通过测量不同 x 对应的暗纹直径 D，可以用此方程进行线性拟合，得出斜率 k 和 b。

利用斜率 k 和截距 b，可以求出透镜半径 R 以及中间暗纹的级数 m_0。

(3) 操作要点

1) 实验装置的调整

①粗调光路：打开钠光灯，将牛顿环装置放在读数显微镜的工作台上，用眼睛观察，使牛顿环的中心暗纹在显微镜筒的正下方；同时需保证钠光灯的出光窗口对准读数显微镜的 45° 反射镜。

②用显微镜观察时，需旋转物镜调节手轮，注意不要碰到牛顿环装置，一定要使显微镜筒由最低位置缓缓上升，边升边观察，直至目镜中看到聚焦清晰的牛顿环并使牛顿环圆心处在视场正中央。

2) 牛顿环干涉的测量

牛顿环如图 11.7 所示。

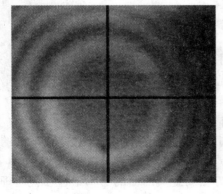

图 11.7 牛顿环

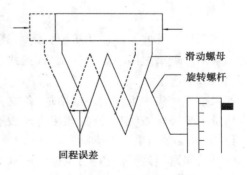

滑动螺母

旋转螺杆

回程误差

图 11.8 回程误差原理

①转动读数显微镜测微手轮,测量干涉条纹位置时,为了避免螺丝空转引起的回程误差,应注意在整个调节过程中测微手轮要单向前进,因此数据的记录顺序应为左侧第 16 条暗纹到左侧第 5 条暗纹,然后经过中央暗纹后,测量暗纹右侧第 5 条暗纹位置,直到右侧第 16 条暗纹位置。

注意:为了避免测微手轮"空转"而引起的回程误差(图 11.8),在每次测量中,测手鼓轮只能向一个方向转动,中途不可倒转。

②因为暗纹有一定的宽度,不容易确定暗纹的中心位置,因此为了测量准确同一级圆环左右两侧的坐标,在选择测量条纹位置的时候,统一记录条纹左侧明暗纹交界的坐标。

3) 劈尖干涉法测量薄纸的厚度 D

在测量过程中,需要不停地根据读数显微镜的镜筒位置来调整钠光灯的出光口位置,使钠光灯的出光口始终能够直接对准反射镜。

(4) 数据处理

1) 牛顿环法测定透镜的曲率半径 R

①用最小二乘法处理数据,计算出透镜的曲率半径 R 及 R 的相对误差。

对方程 $y = kx + b$,当得到测量列 (x_i, y_i),拟合的最适合的直线方程,斜率 k 和截距 b 分别为:

$$k = \frac{\overline{x} \cdot \overline{y} - \overline{xy}}{(\overline{x})^2 - \overline{x^2}}, b = \overline{y} - m\overline{x} \tag{11.24}$$

从斜率和截距可以很方便求得 $R = \dfrac{k}{4\lambda}, m_0 = \dfrac{b}{k}$。

②可以用数据处理软件直接得出拟合出的直线方程,具体方法见第 3 章。可将用 Excel 得出的结论与最小二乘法算出的结论进行对比。

(5) 思考题

①等厚干涉有哪些实际应用价值?请举例说明。

②如果两片玻璃之间不是空气层,而是水,则光程和光程差会怎样变化?与空气劈尖相比,条纹会如何变化?

③如果空气劈尖中纸片的厚度增加,条纹会怎样变化?

④测量牛顿环暗条纹直径时,如果叉丝没有通过圆环中心,因而测量的是暗条纹的弦长而不是直径,对实验结果有无影响?为什么?

⑤如果被测透镜是平凹透镜,能否应用本实验方法测定其凹面的曲率半径?说明理由并推导相应的计算公式。

（6）实际应用

1）高精度地检查物体表面的平整程度

如图11.9所示,将一块标准的平板玻璃放置在待测件上,形成空气劈尖,并从上面观测干涉图样。如果待测件表面是平的,干涉条纹互相平行。如果表面有凸出与凹下,则在凸出与凹下处的干涉条纹会扭曲,而且凹下的深度和凸起的高度可以通过条纹弯曲程度直接计算出来。

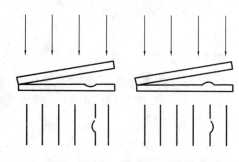

图11.9　劈尖干涉检查工件平整度原理示意图

2）检验透镜球表面质量

将标准球表面的透镜放在待测透镜上,观察干涉条纹,如果干涉条纹是规则的同心圆,则待测透镜的表面是完美的球面;反之则不是,如图11.10所示。

3）高精度地测量微小的位移

利用空气劈尖干涉的原理测定样品的热膨胀系数,如图11.11所示,样品的上表面向上平移$\lambda/2$,则该处的空气劈尖的两束反射光的光程差增加λ,导致干涉条纹会向右方移动1个完整的条纹。如果观察到某处干涉条纹移动N条,则表明样品上表面膨胀了$N\lambda/2$的距离。

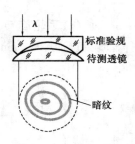

图11.10　透镜球表面质量检测原理示意图

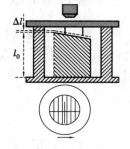

图11.11　微小位移测量原理示意图

附:[仪器介绍]

1）读数显微镜

读数显微镜是用来测量微小长度的仪器(图11.13),显微镜通常起放大物体的作用,而读数显微镜除放大(但放大倍数略小)物体外,还能测量物体的大小。主要是用来精确测量那些微小的或不能用夹持仪器(游标尺、螺旋测微计等)测量的物体的大小。

转动读数显微镜测微手轮,显微镜筒可在水平方向左右移动,移动的位置由标尺上读出,目镜中装有一个十字叉丝,作为读数时对准待测物体的标线。测量前先调节目镜,使十字叉丝清晰,再调节调焦手轮对被测物体进行聚焦。

显微镜系统是与套在测微丝杆上的螺母套管相固定的,旋转测微手轮,即转动测微丝杆,就带动显微镜左右移动。移动的距离可以从主尺(读毫米位)和测微手轮(相当于螺旋测微计的微分筒)上读出,本显微镜丝杆的螺距为 1 mm。测微手轮周界上刻有 100 分格,分度值为 0.01 mm。

使用方法如下所述。

①待测物放置于显微镜载物台上。

②调节目镜,使目镜内分划平面上的十字叉丝清晰,并且转动目镜使十字叉丝中的一条线与刻度尺垂直。

③调节显微镜镜筒,使其与待测物有一个适当距离,然后再调节显微镜的焦距,能在视场中看到清晰物象,并消除视差,即眼睛左右移动时,叉丝与物象间无相对位移。

④转动测微手轮,使叉丝分别与待测物体的两个位置相切,记下两次读数值 x_1,x_2,其差值的绝对值即为待测物长度 L,表示为 $L = |x_2 - x_1|$。

在使用读数显微镜时应注意以下几点:

①调节显微镜的焦距时,应使目镜筒从待测物体开始,自下而上地调节。严禁在镜筒下移过程中碰伤、损坏物镜和待测物。

②在整个测量过程中,十字叉丝中的一条必须与主尺平行,十字叉丝的走向应与待测物的两个位置连线平行;同时不要移动待测物。

③测量中的测微手轮只能向一个方向转动,以防止因螺纹中的空程引起误差。

2) 读数显微镜的读数方法

读数装置包括主尺和测微手轮,主尺最小单位为 1 mm,而测微手轮旋转 1 圈,主尺移动距离为 1 mm,因此其最小单位为 0.01 mm,加上估读部分,能够读到 0.001 mm 量级。

如图 11.12 所示,读数显微镜此位置读数应为 $27 + 48.5 \times 0.01 = 27.485$ mm。

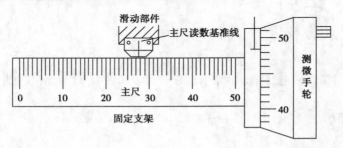

图 11.12

使用读数显微镜时需要注意避免回程误差,要求读数时测微手轮只能单向前进。回程误差表现为当测微手轮转动方向改变时,目镜中的十字叉丝不会立即跟着移动,而是过一会儿才移动。

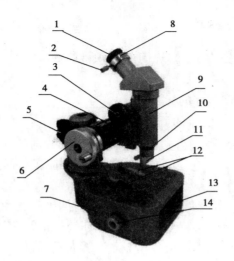

图 11.13

1—目镜;2—锁紧螺钉;3—调焦手轮;4—标尺;5—旋手;6—测微手轮;7—底座;
8—锁紧圈;9—镜筒支架;10—物镜;11—反射镜;12—压片;13—反光镜;14—反光镜小手轮

(7)例题

①在牛顿环实验中,假如平玻璃板上有微小凸起,则凸起处空气层厚度减小,导致等厚干涉条纹发生畸变。试问这时该处的干涉圆环变形是内凹还是外凸? 为什么?

答:该处的干涉环是外凸,因为同一条纹对应的空气层厚度相同。

②用白光照射时能否看到牛顿环和劈尖干涉条纹? 此时的条纹有何特征?

答:用白光照射能看到干涉条纹,特征是:彩色的条纹,但条纹数有限。

(8)练习题

1)填空题

①牛顿环实验装置通常是将一个曲率半径很大的_____透镜的凸面放在一平玻璃板上组成。当平行光垂直入射时,由同一光源发出的光束,经过牛顿环装置所形成的空气层的上下两个表面反射后,在_____相遇产生干涉条纹。干涉条纹的特点是,中心为暗斑,越向外面条纹越密的明暗相间的_____。

②劈尖和牛顿环都属于_____干涉图样,设 e 为空气隙的厚度,λ 为光源波长,K 为干涉级次,则当 $2e + \lambda/2 = (2K+1)\dfrac{\lambda}{2}$,$K = 0,1,2,3,\cdots$ 时应为_____条纹;当 $2e + \dfrac{\lambda}{2} = 2K\dfrac{\lambda}{2}$,$K = 0,1,2,3,\cdots$ 时为_____条纹。

③牛顿环的暗环对应的空气层厚度 $e = K\dfrac{\lambda}{2}$。暗环半径满足 $r^2 = KR\lambda$,其成立的条件是平凸透镜的半径 R _____。相邻两暗环间的面积常数 $S = \pi(r_2^2 - r_1^2) = \pi R\lambda$,故随 r 的增大,环_____。

④在牛顿环实验中,仪器调整好的标志是:a. _____;b. _____;c. _____;d. _____;e. _____。仪器的调节方法及步骤是:a. _____;b. _____;c. _____;d. _____;e. _____。在测量中应特别注意:微调手轮只能朝一个方向旋转,以避免反向旋转引入_____。若需反向旋转,则应多反回一些,然后再按原旋转方向旋至测量处。

⑤牛顿环是劈尖干涉的一种特例,它是由垂直照射的平行光束在反射回来的两束光在_____处相遇干涉形成的圆环,其特点是在同一圆环处都相等,故称_____干涉。

⑥在牛顿环实验中,两反射光干涉形成暗条纹的条件是_____,根据此条件牛顿环中心理应是一个_____,但实验观察到的是一个_____,这是由于平凸透镜与平玻璃板的接触处的弹性形变而形成的_____接触的缘故。

⑦在光学实验中,通常使用干涉法,两束光在空间相遇产生干涉的条件是:a. _____;b. _____;c. _____;d. _____。

⑧牛顿环是劈尖干涉的特例,它是用_____方法产生两束相干光束在劈的上表面处相遇进行干涉的,属于_____干涉,干涉形成的图像是一个个里疏外密的、明暗相间的同心圆环,中心是一个暗斑,属于_____干涉图像。根据干涉形成暗纹的条件可知,中心环的级次_____,由里向外的级次逐渐_____。

⑨测量时用 $m + m_0$ 代替 K,可消除因_____而产生的中间暗斑 m_0 不易测量带来的影响,用直径 D 代替半径 r,可消除_____测不准带来的影响。

⑩若球面和平面之间没有紧密接触,产生附加光程差,圆环中心是斑,对测量 R 将无影响,若十字叉丝中心未通过牛顿环中心,测出的不是直径 D 而是弦长 L,则有 $D^2 = L^2 + (2h)^2$,其中,h 为牛顿环中心至弦的距离,为常数,数据处理时对测量 R _____影响;若将 m 环都读成 $m + c$ 环,其中 c 为常数,数据处理时对测量 R 将_____影响。

⑪今测得劈尖暗条纹变化 20 条的距离为 L_{20},则劈尖距离棱边为 L 处的厚度 $e =$ _____。当 e 不变而 L 减小时,L_{20} 将变_____,即干涉条纹将变_____。

⑫牛顿环装置的平玻璃板上表面是标准平面,而平凸透镜的凸表面加工后发现径向某处有擦伤(凹痕),用这一装置观察反射的牛顿环时,对应擦伤的干涉条纹应向_____弯曲。

⑬在牛顿环实验的调节过程中,若发现视场半明半暗,应调节_____,或调节_____方位,或移动_____。若发现视场非常明亮,但却调不出干涉环,其原因是_____,若干涉环不够清晰应调节_____。

⑭在牛顿环实验中,在读数显微镜的视场中左、左两半一明一暗,其原因是_____,调节的办法是旋转_____,使之_____或移动_____,使之_____。

2)选择题

①在牛顿环实验中,若已知凸透镜的曲率半径 R,下列说法中正确的是( )。

A. 可通过它测单色光的波长

B. 可通过它测平玻璃板的厚度

C. 可用其测牛顿环间隙中液体的折射率

D. 可用其测凸透镜的折射率

②牛顿环是一种( )。

A. 不等间距的衍射条纹

B. 等倾干涉条纹

C. 等间距的干涉条纹

D. 等厚干涉条纹

③在牛顿环实验中,( )是可以通过选择测量顺序消除的。

A. 视差

B. 读数显微镜测微手轮的仪器误差

C. 测微螺距间隙引起的回程误差

D. A,B,C 都不是

(9)参考答案

1)填空题

①平凸,上表面,同上圆环。

②等厚,明,暗。

③ $\gg e$,越来越密。

④a. 叉丝清晰;b. 视场均匀明亮;c. 图像清晰;d. 在转动测微手轮时某一环始终与横向叉丝相切(即环的移动方向与主尺平行);e. 无视差。a. 目镜调焦;b. 调整45°(反光镜角度或移动钠光灯方位或挪动的移动方向与主尺平行);c. 物镜调焦;d. 使横叉丝大致与主尺平行;边转动测微手轮同时挪动牛顿装置到不相切程序较小时再稍调整横叉丝方位;e. 目镜、物镜调焦。回程差。

⑤劈的上、下表面,劈的上表面,劈的厚度,等厚。

⑥$2e + \dfrac{\lambda}{2} = (2K+1)\dfrac{\lambda}{2}$,暗点,暗斑,面。

⑦a. 频率相等;b. 振动方向相同;c. 光程差恒定,且满足一定条件;d. 两束光应在相干长度内相遇。

⑧分振幅,定域,等厚,最低,增大。

⑨弹性形变,半径。

⑩亮,无,无。

⑪$\dfrac{20L}{L_{20}}\dfrac{\lambda}{2}$,小,密。

⑫环心。

⑬45°反光镜角度,读数显微镜,钠光灯。反光玻璃片放反使光只进入显微镜,照射不到牛顿环,物镜调焦(调显微镜升降手轮)。

⑭入射单色光方向不正,反射镜,正对光源,光源,正对反射镜。

2)选择题

①AC ②D ③C

12

迈克尔孙干涉仪

Measurement of laser wavelength by Michelson Interferometer

(1) 实验背景

迈克尔孙干涉仪是由迈克尔孙(A. A. Michelson)于 1881 年设计的一款独特的干涉仪,在近代物理学的发展中起过重要作用。19 世纪末,迈克尔孙与其合作者曾用此仪器进行了"以太漂移"实验、标定米尺及推断光谱精细结构 3 项著名的实验。第一项实验解决了当时关于"以太"的争论,否定了"以太"的存在,为爱因斯坦创立的相对论提供了实验支持。第二项工作实现了长度单位的标准化。迈克尔孙发现镉红线(波长 $\lambda = 643.846\ 96$ nm)是一种理想的单色光源,可用它的波长作为米尺标准化的基准。他定义 1 m = 1 553 164.13 镉红线波长,精度达到 10^{-9},这项工作对近代计量技术的发展作出了重要贡献。在第三项工作中迈克尔孙研究了干涉条纹视见度随光程差变化的规律,并以此推断光谱线的精细结构。由于在以上诸多方面的贡献,迈克尔孙被授予了 1907 年诺贝尔物理学奖。

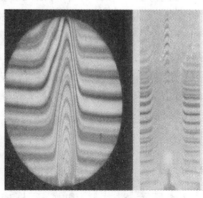

图 12.1　迈克尔孙在工作　　　　　　图 12.2　迈克尔孙干涉仪测气流

与薄膜干涉和牛顿环干涉一样,迈克尔孙干涉仪是使用分振幅的方法产生相干光,其主要特点就是将一束入射光分成两束相干光,然后再使这两束光在空间相遇形成干涉。使用迈克尔孙干涉仪很容易通过改变其中一束光的光程来改变两束相干光的光程差,而光程差是可以光波的波长为单位来度量的,能够实现精密测量。

迈克尔孙干涉仪被广泛应用于长度、折射率、光波波长的精密测量,光学平面的质量检验和傅里叶光谱技术等诸多方面。目前,虽然迈克尔孙干涉仪已经被更完善、更精密的现代干涉仪取代,但迈克尔孙干涉仪的基本结构仍然是许多现代干涉仪的基础,而且还有很多领域使用迈克尔孙干涉仪来进行精细测量。

(2)重点、难点

1)迈克尔孙干涉仪

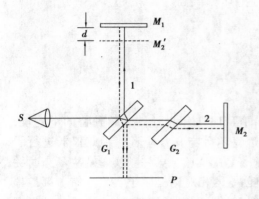

图 12.3　迈克尔孙干涉仪示意图

迈克尔孙干涉仪是利用光的薄膜干涉制作的光学仪器,其基本结构如图 12.3 所示,光源发出的单色光方向与 G_1 成 45°角, G_1 是一面镀有半反半透膜的平行平面玻璃板,与相互垂直的 M_1 和 M_2 两个反射镜各成 45°角。 G_2 为补偿板,它与 G_1 具有相同的材料和厚度,且平行安装,其作用是为了补偿反射光束 1,因在 G_1 中往返两次所多走的光程,使干涉仪对不同波长的光可以同时满足等光程的要求。 M_1 和 M_2 是两个平面镜,正常情况下互相垂直,但是 M_2 是固定的,而 M_1 可在精密的导轨上前后移动,以便改变两光束的光程差。平面镜 M_1、

M_2 的背后各有 3 个微调螺丝,可以根据需要改变平面镜 M_1、M_2 之间的角度。

工作时,光源 S 发出一束单色光以 45°角入射到分光镜 G_1 上,会分成强度相等的两束相干光 1 和 2,反射光束 1 射出 G_1 后投向反射镜 M_2,反射回来再穿过 G_1;光束 2 经过补偿板 G_2 投向反射镜 M_2,反射回来再通过 G_2,在半反射面 G_1 上反射。条件满足时,两束相干光在空间相遇并产生干涉,从而可以在屏幕 P 上用肉眼即可观察到干涉条纹。

如图 12.3 所示,观察者自屏幕处点向 M_1 镜看去,除直接看到 M_1 镜外,还可以看到 M_2 镜经分束镜 G_1 的半反射面反射的像 M_2'。这样,在观察者看来,两相干光束好像是由同一束光分别经 M_2' 和 M_1 反射而来的。因此从光学上来说,迈克尔孙干涉仪所产生的干涉图样与 M_1、M_2' 间的空气层所产生的干涉是一样的,在讨论干涉条纹的形成时,只要考虑 M_2'、M_1 两个面和它们之间的空气层即可。

2)等倾干涉

如图 12.4 所示,对由 M_1 和 M_2' 所形成的空气薄膜,设 d 为薄膜厚度, i 为入射光束的入射角, r 为折射角,由于 M_1、M_2' 间是空气的折射率 $n=1$, $i=r$。当一束光入射到 M_1、M_2 镜面而分别反射出 1、2 两条光束时,由于 1、2 来自同一光束,是相干光,两光束的光程差 δ 为:

$$\delta = AC + BC - AD = \frac{2d}{\cos r} - 2d\sin i \tan r = 2d\cos i \qquad (12.1)$$

从上式可知,当 d 一定时,光程差 δ 随着入射角 i 的变化而改变,同一倾角(入射角)的各对应点的两反射光线都具有相同的光程差,其光强分布由各光束的倾角决定,因此称为等倾干涉。

3)利用迈克尔孙干涉仪实现等倾干涉

一般使用激光作为入射光源,但是由于激光发出的光可近似看作平行光,直接使用激光无法得到不同入射角的入射光,因此无法产生等倾干涉。实验中,一般使用短焦距凸透镜对激光进行扩束,这时激光可以看作是点光源 S。

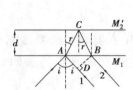
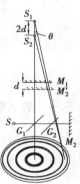

图 12.4 等倾干涉原理图   图 12.5 迈克尔孙干涉仪

如图 12.5 所示,S 发出的光经过 M_1 和 M_2' 反射后,又得到相当于由两个虚光源 S_1、S_2 发出的两列满足干涉条件的球面波,S_1 为 S 经 G_1 及 M_1 反射后成的像,S_2 为 S 经 M_2 及 G_1 反射后成的像(等效于 S 经 G_1 及 M_2' 反射后成的像)。因此,单色点光源 S 经迈克尔孙干涉仪中两反射镜的反射光,可看作是从 S_1 和 S_2 发出的两束相干光。在观察屏上,S_1 与 S_2 间距为 $2d$,当两束光在观察屏上相遇时,其光程差约为 $\Delta = 2d\cos\theta$。

根据干涉原理,可知:

$$\Delta = \begin{cases} m\lambda & m = 1,2,3,\cdots,\text{为明纹} \\ (2m+1)\lambda/2 & m = 0,1,2,\cdots,\text{为暗纹} \end{cases} \tag{12.2}$$

当用单色光入射时,在毛玻璃观察屏上看到的是一组明暗相间的同心圆条纹,而且干涉条纹的位置取决于 d 和 θ。人们能够得到下述结论:

①对一个干涉图样,干涉条纹的中心处级数最高,从中心向四周干涉条纹的级数依次降低。当 d 一定时,明条纹的位置满足 $\Delta = 2d\cos\theta = m\lambda$,由中心向外 θ 变大,$\cos\theta$ 就变小,因此干涉条纹的级数 m 也就越小。

②当 d 减小(即 M_1 向 M_2' 靠近)时,若人们跟踪观察某一圈条纹,将看到该干涉环变小,向中心收缩。对同一级条纹来讲,m 是固定值,当 d 变小时,该条纹对应的光程差 $2d\cos\theta$ 保持恒定,此时 θ 就要相应变小。每当 d 减小 $\lambda/2$,干涉条纹就向中心消失一个。当 M_1 与 M_2' 接近时,条纹变粗变疏。当 M_1 与 M_2' 完全重合(即 $d = 0$)时,视场亮度均匀。

③条纹中心处对应的 $\theta = 0$,此处光程差为 $\Delta = 2d$,可知中心处条纹的明暗完全由 d 确定,当 $\Delta = 2d = m\lambda$ 时,即 $d = m \cdot \lambda/2$ 时中心为明纹。当 d 每增加 $\lambda/2$ 时,中心处对应的干涉条纹级数增加一级,也就意味着中心会"冒出"一个条纹;反之,d 每减小 $\lambda/2$,中心处对应的干涉条

纹级数减小一级,中心处"缩进"一个条纹。

每"缩进"或"冒出"一个条纹,说明中心处光程差改变了一个波长 λ,吞进或吐出 Δm 个条纹,相应的光程差改变为:

$$2\Delta d = \Delta m \cdot \lambda \tag{12.3}$$

可以得到:

$$\lambda = \frac{2\Delta d}{\Delta m} \tag{12.4}$$

通过测量"缩进"或"冒出" m 级条纹时,M_1 移动的距离 Δd 来求出入射光的波长。

(3)操作要点

1)迈克尔孙干涉仪的调整

①调整激光器的位置和角度,让入射激光能够以 45° 角入射到半反半透镜 G_1 上,并调整 M_1 和 M_2 背后的两个螺丝,使 M_1 和 M_2 反射回激光器的最亮的光点能够回到激光器的出光口。

②分别观察两束相干光在观察屏幕上形成的光点,可适当微调 M_1 和 M_2 背后的 2 个螺丝,使两束相干光在屏幕上形成的两排光点像中的最亮点重合。

③在激光器光路上放上扩束镜(短焦距的凸透镜),调整透镜的位置,使扩束后的激光束投射到 G_1 的正中央,然后在 M_1 前方的毛玻璃观察屏上即可看到干涉条纹。调节 M_2 的背后的 2 个螺丝,使条纹圆心处于视场中心,如图 12.6。

注意:迈克尔孙干涉仪是精密的光学仪器,必须小心爱护。G_1,G_2,M_1,M_2 是光学玻璃制成,不能用手触摸其表面,更不能任意擦拭,表面不清洁时请指导老师处理。

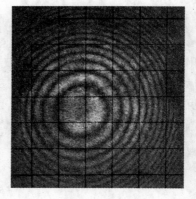

图 12.6　显示屏干涉条纹

2)实验测量过程

注意:为了避免细调鼓轮"空转"而引起的回程误差,在每次测量中,细调鼓轮只能向一个方向转动,中途不可倒转。

单方向转动迈克尔孙干涉仪右侧的细调鼓轮消除初始空程,直到能够观察到条纹连续"缩进"或"冒出",观察条纹中心点状态,记录 M_1 的位置。

3)可动全反镜 M_1 的读数

迈克尔孙干涉仪是非常精密的测量仪器,M_1 的位置读数由 3 部分构成:

▽ ▽. □□△△△

①仪器左侧的主尺,最小单位为 1 mm,可精确读到 mm;▽▽记录主尺上读数,图 12.7 主尺读数为 48。

②粗调手轮:每转动 1 圈,M_1 移动 1 mm,读数窗口内刻度盘转动一圈共有 100 格,因此每格代表为 0.01 mm;□□部分由读数窗口内刻度盘读出,图 12.7 粗调窗口读数为 0.71。

③细调鼓轮:每转动 1 圈粗调手轮转动 1 格,也就是说 M_1 移动 0.01 mm,细调鼓轮同样有 100 格,因此每格代表 0.000 1 mm,加上估读的 1 位。△△△ 由细调鼓轮上刻度读出,图 12.7 细调鼓轮读数为 0.002 46。

 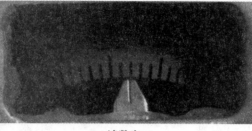 

(a)主尺　　　　　　　　　　　(b)读数窗口　　　　　　　　　(c)细调鼓轮

图 12.7　迈克尔孙干涉仪读数装置

图 12.7 所示读数为 48.712 46 mm。

(4)数据记录及处理

根据迈克尔孙干涉仪形成的等倾干涉条纹变化数目与动镜移动距离间的关系:

$$2\Delta d = \Delta m \cdot \lambda \quad \text{或} \quad \Delta d = \Delta m \cdot \frac{\lambda}{2}$$

可得到两种方法求出入射光的波长,假设 $\Delta m = 30$。

1)方法 1

直接利用公式 $\lambda = \dfrac{2\Delta d}{\Delta m}$ 求出波长。

①转动细调鼓轮,当干涉图样的中心开始连续有条纹"冒出"时,记录下 M_1 的初始位置 d_{11},缓慢地同方向转动细调鼓轮,让干涉图样的中心冒出 30 个完整条纹,再记录下此时的 M_1 的位置 d_{12},求出 M_1 移动的距离 $\Delta d_1 = d_{12} - d_{11}$。

②同方向继续转动细调鼓轮,让 M_1 移动至一个新的位置 d_{21},然后记录下干涉图样的中心冒出 30 个完整条纹后 M_1 的位置 d_{22},求出 M_1 移动的距离 $\Delta d_2 = d_{12} - d_{11}$。

③重复步骤②,得出 4 次冒出 30 个完整条纹后 M_1 移动的距离 $\Delta d_3, \Delta d_4, \Delta d_5, \Delta d_6$。

④算出干涉图样冒出 30 个完整条纹后 M_1 移动的平均距离:$\overline{\Delta d} = \dfrac{\sum \Delta d_i}{6}$

即可求出入射光的波长:$\overline{\lambda} = \Delta m \cdot \dfrac{\overline{\Delta d}}{2}$。

最后计算出入射光波长的相对误差：$E = \dfrac{|\bar{\lambda} - \lambda_0|}{\lambda_0} \times 100\%$。

注意：每一组冒出 30 个条纹时 M_1 的初始位置要与上一组 30 个条纹的末位置不同，而且微动手轮不能反向转动。

2）方法 2

设 $x = \Delta m$，$y = \Delta d$，$k = \lambda/2$，则方程 $\Delta d = \Delta m \cdot \dfrac{\lambda}{2}$ 可转化为 $y = kx$。

①转动细调鼓轮，当干涉图样的中心开始连续有条纹"冒出"时，记录下 M_1 的初始位置 d_0，缓慢地同方向转动细调鼓轮，依次记录下干涉图样的中心冒出 30，60，90，120，150，180 个完整条纹后 M_1 的位置 d_1、d_2、d_3、d_4、d_5、d_6。

②算出冒出 30，60，$\cdots$，180 个条纹对应的 M_1 移动的距离 $\Delta d_i = d_i - d_0$。

③对实验数据进行直线拟合，求出斜率 k（拟合时设置截距为零）。

④算出入射光波长：$\lambda = 2k$。

（5）思考题

①迈克尔孙干涉仪是利用什么方法产生两束相干光的？

②迈克尔孙干涉仪的等倾干涉和等厚干涉分别是在什么条件下产生的？条纹形状如何？随 M_1、M_2' 的间距 d 将如何变化？

③在什么条件下，白光也会产生等厚干涉条纹？当白光等厚干涉条纹的中心被调到视场中央时，M_1、M_2' 两镜子的位置成什么关系？

④用迈克尔孙干涉仪观察到的等倾干涉条纹与牛顿环的干涉条纹有何不同？

⑤想想如何在迈克尔孙干涉仪上利用白光的等厚干涉条纹测定透明物体的折射率？

⑥试说明，为什么等倾干涉随光程差增加，干涉条纹变细变密。

（6）例题

例题 1 总结迈克尔孙干涉仪的调整要点及规律。

解 调整迈氏干涉仪的要点及规律如下：

①迈氏干涉仪导轨水平（调迈氏干涉仪底脚螺丝）。

②激光束水平并垂直于干涉仪导轨，且应反射到 M_1、M_2 反射镜中部。

③M_1 与 M_2' 应平行，即 M_1 与 M_2 垂直。通过调节 M_2 背面的螺丝，使两排光点中最亮的两点重合。

④加入短焦距透镜，观察到干涉条纹后，在调出圆形条纹的过程中，需根据条纹的形状来判断 M_1 与 M_2 的相对倾度，分别调节 M_2 的两个微调拉簧。

例题2　用等厚干涉的光程差公式说明,当 d 增大时,干涉条纹由直变弯。

解　根据 $\delta = 2d \cos \theta$

$$\delta \approx 2d \cos \theta = 2d\left(1 - 2 \sin^2 \frac{\theta}{2}\right),$$可得 $\delta \approx 2d - d\theta^2$。

在 M_1 与 M_2' 的交线处,$d = 0$,$\delta = 0$,对应的干涉条纹称中央明纹。在交线两侧附近,因 d 和 θ 都很小,上式中 $d\theta^2$ 可忽略,$\delta = 2d$,所以条纹近似直线。而离交线较远处,$d\theta^2$ 不能忽略,所以干涉条纹随 d 的增大而由直变弯。

附:[仪器介绍]

迈克尔孙干涉仪(WSM-200)。

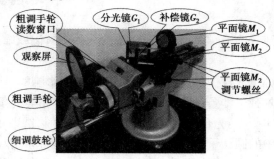

图 12.8　WSM-200 型迈克尔孙干涉仪

(7)练习题

1)选择题

①迈克尔孙干涉仪的分光形式是(　　　)。

　A. 分振幅方式　　　　　　　　　　　　B. 分波阵面方式

　C. 按波长分光　　　　　　　　　　　　D. 按方向分光

②迈氏干涉仪的读数误差是(　　　)。

　A. 0.000 4 mm　　　　　　　　　　　　B. 0.000 1 mm

　C. 0.000 04 mm　　　　　　　　　　　D. 0.000 01 mm

③迈克尔孙干涉中条纹的"涌出"说明形成干涉的空气"薄膜"(　　　)。

　A. 变薄　　　　　　　　　　　　　　　B. 变厚

　C. 在垂直于光束传播的方向移动　　　　D. 不能确定

④关于迈克尔孙等倾干涉圆环的干涉级次,正确说法是(　　　)。

　A. 干涉级次的高低由反射镜到分束镜的距离决定

　B. 干涉级次的高低由光源到分束镜的距离决定

　C. 中心环的干涉级次比外边高

D. 中心环的干涉级次比外边低

⑤在分别利用激光、白光进行迈克尔孙干涉实验时，(　　)。

A. 白光的干涉条纹是定域的，激光的干涉条纹是非定域的

B. 白光的干涉条纹是非定域的，激光的干涉条纹是定域的

C. 白光和激光的干涉条纹都是非定域的

D. 白光和激光的干涉条纹都是定域的

⑥迈克尔孙干涉实验中观察定域条纹的方法是(　　)。

A. 用眼睛直接观察　　　　　　　　B. 必须采用透镜会聚到接收屏上

C. 用毛玻璃接收　　　　　　　　　D. 以上方式都不妥

2) 简答题

①利用迈克尔孙干涉仪测 He-Ne 激光波长时，要求测量冒出或缩进的干涉环数 n 尽可能大，为什么？

②如果去掉迈克尔孙干涉仪中的补偿板，对哪些测量有影响？对哪些测量无影响？

③为什么白光迈克尔孙干涉条纹的出现必须在两臂基本相等的条件下？

④在迈克尔孙干涉实验中，为什么向"等光程"状态调节时，圆条纹变粗变疏？

⑤迈克尔孙干涉仪中的圆状干涉条纹与牛顿环的性质是否相同？为什么？

⑥为什么在利用迈克尔孙干涉仪进行测量的过程中，微调鼓轮的转动方向不能中途改变？

⑦迈克尔孙干涉实验中，怎样利用干涉条纹的"涌出"和"陷入"来测定光波的波长？

⑧调节迈克尔孙干涉仪时看到的反射镜发射回来的亮点为什么是两排而不是两个？

3) 计算题

①在迈克尔孙干涉仪的一臂中，垂直插入折射率为 1.45 的透明薄膜，此时视场中观察到 15 个条纹移动，若所用照明光波长为 500 nm，求该薄膜的厚度。

②用波长为 λ 的单色光作光源，观察迈克尔孙干涉仪的等倾干涉条纹，先看到视场中共有 10 个亮纹(包括中心的亮斑在内)，在移动反射镜 M_1 的过程中，看到向中心缩进去 10 个亮纹，移动 M_1 后，视场中共有 5 个亮纹(包括中心的亮斑在内)，设不考虑两束相干光在分束板 G_1 的镀银面上反射时产生的位相突变之差，试求开始时视场中心亮斑的干涉级 k。

③用 $\lambda_1 = 5\,000$ Å 和 $\lambda_2 = \lambda_1 + \Delta\lambda = 5\,000$ Å $+ 0.1$ Å 的双线扩展光源照明迈克尔孙干涉仪，以获得等倾圆条纹。已知光源中此二波长的光强度大致相等。当 $M_1 M_1'$ 间隔为 d 时，视场内得到一片均匀亮度。干涉场可见度为零。逐渐增大 d，发现场中可见度逐渐变大，出现等倾圆条纹，可见度达到 1.0 以后，又逐渐恢复到零。试问在相邻零可见度之间，间距 d 的变化量 Δd 是多少？

4) 设计题

①利用迈克尔孙干涉仪，请设计方案测量钠黄光波长、钠黄光双线的波长差和钠光的相干长度，观测条纹可见度的变化。

②提供实验仪器、材料及器件：迈克尔孙干涉仪、白光源、待测玻璃片、千分尺、氦氖激光器、扩束镜，请利用所给定的实验条件设计一个测量玻璃折射率的实验。要求：需要说明实验原理，写出主要公式及实验步骤。

（8）参考答案

1）选择题

①A　②D　③B　④C　⑤A　⑥C

2）简答题

①n 越大，对应的反射镜位移 Δd 越大，由于读数带来的相对误差越小。

②去掉补偿板，对于单色光的干涉实验测量没有影响，对复色光干涉测量有影响。

③因为产生干涉条纹的必要条件之一是：光束之间的光程差要小于光源的波列长度，而白光的波列长度只有 10 μm 左右，因此要求两臂基本相等。

④因为光程差 $\Delta = 2d\cos\theta = m\lambda$，向"等光程"调节时，$d$ 由大变小，因此 Δ 要变化一个波长（对应一个条纹），对应的 θ 变化范围应该增大，即条纹变粗变疏了。

⑤不同。迈克尔孙干涉中的圆状干涉条纹是等倾干涉，牛顿环是等厚干涉。

⑥避免引入回程差（螺距差）。

⑦测出 M_1 移动的距离 Δd，并数出"陷"进或"涌"出的干涉环的数目 Δm，便可由下式算出单色光源的波长

$$\lambda = \frac{2\Delta d}{\Delta m}$$

⑧是由于分束镜、补偿镜都有一定厚度，它们的两个表面都会产生光的反射和折射引起的。

3）计算题

①提示：垂直插入折射率 $n = 1.45$ 的透明薄膜后，光程差改变：$\Delta\delta = 2(n - n_0)d$，这个改变与移动的条纹以及波长关系：$\delta = k\lambda$，$\Delta\delta = \Delta k \cdot \lambda$，所以：$d = \frac{\Delta k \cdot \lambda}{2(n - n_0)}$。

②解：设开始时干涉仪的等效空气薄膜的厚度为 e_1，则对于视场中心的亮斑有：

$$2e_1 = k\lambda \qquad\qquad （Ⅰ）$$

对于视场中最外面的一个亮纹有：

$$2e_1\cos r = (k - 9)\lambda \qquad\qquad （Ⅱ）$$

设移动了可动反射镜 M_1 之后，干涉仪的等效空气薄膜厚度变为 e_2，则对于视场中心的亮斑有：

$$2e_2 = (k - 10)\lambda \qquad\qquad （Ⅲ）$$

对于视场中最外面的一个亮纹有

$$2e_2 \cos r = (k - 14)\lambda \qquad (\text{Ⅳ})$$

解 Ⅰ—Ⅳ式得

$$k = 18$$

③解：可见度为零表示 λ_1 的干涉极大恰与 λ_2 的干涉极小相重合，可见度为 1.0 表示二者的干涉极大相重合。当 M_1 与 M_1' 的间距为 d 时，设可见度为零，则有：

$$2d = k_1\lambda_1$$

$$2d = \left(k_2 + \frac{1}{2}\right)\lambda_2$$

这里 k_1 与 k_2 是两个数值不同的整数。现在将 d 增加 $\lambda_1/2$，则对波长短的 λ_1 必然从中央涨出一个条纹，而对波长长的 λ_2，则涌出不到一个，即 $\Delta k < 1$。假设当 d 增加到 $d + \Delta d$、λ_2 涨出了 m 个条纹，而 λ_1 比 λ_2 整整多涨出一个条纹，即 $(m+1)$ 个圆条纹，这时，视场内又将呈现可见度为零的一片均匀亮度。则有：

$$2(d + \Delta d) = (k_1 + m + 1)\lambda_1$$

$$2(d + \Delta d) = \left(k_2 + \frac{1}{2} + m\right)\lambda_2$$

已知 $\lambda_1 = 0.5\mu$、$\lambda_2 = 5\,000$ Å，由以上 4 个式子可解得：

$$m = \frac{\lambda_1}{\lambda_2 - \lambda_1} = 50\,000$$

$$\Delta d = \frac{m \cdot \lambda_2}{2} = 1.25 \text{ cm}$$

4) 设计题

①A. 测钠光源的波长。

a. 点燃钠光灯，使之与分光板 G_1 等高并且位于沿分光板和 M_2 镜的中心线上，转动粗调手轮，使 M_1 镜距分光板 G_1 的中心与 M_2 镜距分光板 G_1 的中心大致相等。

b. 在光源与分光板 G_1 之间插入针孔板，用眼睛透过 G_1 直视 M_1 镜，可看到 2 组针孔像。细心调节 M_1、M_2 镜后面的 3 个调节螺钉，使 2 组针孔像重合，如果难以重合，可略微调节一下 M_2 镜后的 3 个拉簧螺钉。当 2 组针孔像完全重合时，就可去掉针孔板，换上毛玻璃，将看到有明暗相间的干涉圆环，若干涉环模糊，可轻轻转动粗调手轮，使 M_1 镜移动一下位置，干涉环就会出现。

c. 再仔细调节 M_2 镜的 2 个拉簧螺丝，直到将干涉环中心调到视场中央，并且使干涉环中心随观察者的眼睛左右、上下移动而移动，但干涉环不发生"涌出"或"陷入"现象，这时观察到的干涉条纹才是严格的等倾干涉。

d. 测钠光 D 双线的平均波长 $\bar{\lambda}$。先调仪器零点，方法是：将微调手轮沿某一方向（如顺时针方向）旋至零，同时注意观察读数窗刻度轮旋转方向；保持刻度轮旋向不变，转动粗调手轮，让读数窗口基准线对准某一刻度，使读数窗中的刻度轮与微调手轮的刻度轮相互配合。

e. 始终沿原调零方向，细心转动微调手轮，观察并记录每"涌出"或"陷入"50 个干涉环时 M_1 镜位置，连续记录 6 次。

f. 根据 $\lambda = \dfrac{2\Delta d}{N}$，用逐差法求出钠光 D 双线的平均波长。

B. 测定钠黄光双线的波长差。

a. 以钠光为光源调出等倾干涉条纹。

b. 移动 M_1，使视场中心的视见度最小，记录 M_1 镜的位置；沿原方向继续移动 M_1 镜，使视场中心的视见度由最小到最大直至又为最小，再记录 M_1 镜位置，连续测出 6 个视见度最小时 M_1 镜位置。

c. 用逐差法求 Δd 的平均值，计算钠黄光双线的波长差。

$$\Delta \lambda = \frac{\lambda^2}{2\Delta d}$$

C. 测定钠光灯的相干长度。

a. 以钠光为光源调出等倾干涉条纹，并使对比度最大，记下 M_1 的位置坐标。

b. 移动 M_1 使干涉条纹的对比度逐渐降低，直到人眼不能区分为止，记下 M_1 的新位置坐标并求出 M_1 移动的距离 L，即钠光灯的相干长度。

②解：a. 采用氦氖激光器等，调出等倾干涉圆环，调整 M_1，使圆环缩进去，直到接收屏上只有 $1 \sim 2$ 个干涉环。

b. 采用白光源，调出干涉条纹，记下 M_1 位置坐标 x_1。

c. 放入玻璃片，转动微调鼓轮，再调出干涉条纹，记下位置坐标 x_2。

d. 用千分尺测量玻璃片厚度 d。

e. 计算。

$$(n-1) \times d = |x_2 - x_1|$$
$$n = \frac{|x_2 - x_1|}{d} + 1$$

13

全息摄影

Holograph

（1）实验背景

全息摄影原理早在 1948 年就由匈牙利物理学家伽伯（Dennis Gabor, 1900—1979）（图 13.1）提出，并因此，他于 1971 年荣获诺贝尔物理学奖。到了 20 世纪 60 年代初期激光问世后，全息摄影技术得到了迅速发展，目前已获得了相当广泛应用，如图 13.2 所示为全息图。

图 13.1　伽柏（Dennis Gabor）

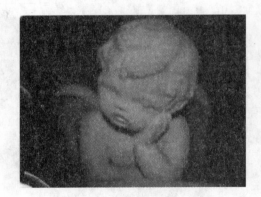

图 13.2　全息图

人眼能够识别物体的三维立体图像，是借助物光波的主要特征参量——振幅、波长和相位对人体视觉的作用。光波的振幅反映了光的强弱，给人眼以物体明暗的感觉；光波的波长反映了光波的频率，给人眼以色彩的感觉；光波的相位反映了光波等相位面的形状，给人以立体的感觉。

在全息照相的基础上，全息技术还扩展到红外、微波、超声领域，进一步发展形成了全息干涉术、彩色全息、彩虹全息和周视全息等新的全息技术。由于全息照相具有三维成像的特

120

点,可重复记录,而且,每一小块全息底片都能再现物体的完整性,其用途十分广泛。可广泛用于精密干涉计量、无损探伤、全息光弹性、微应变分析和振动分析等科学研究。利用全息干涉术研究燃气燃烧的过程、机械件的振动模式、蜂窝板结构的粘结质量和汽车轮胎皮下缺陷检查等已得到广泛应用。全息照相用作商品和信用卡的防伪标记已形成产业如图13.3,正在发展的全息电视还将为人类带来一场新的视觉革命。基于激光的全息术发展了激光防伪、全息照相和全息储存等,在工业生产和科学研究中已发挥了重要作用。激光防伪又名镭射防伪,或称激光的全息防伪,激光防伪技术包括激光全息图像防伪、加密激光全息图像防伪和激光光刻防伪技术3方面。

图13.3　全息防伪标志

(2)重点、难点

1)光的干涉与光的衍射

只有两列光波的频率相同,相位差恒定,振动方向一致的相干光源,才能产生干涉现象,如图13.4(a)所示。

光在传播过程中,遇到障碍物或小孔时,光将偏离直线传播的途径而绕到障碍物后面传播的现象,称为光的衍射如图13.4(b)所示。光的衍射和光的干涉一样证明了光具有波动性。

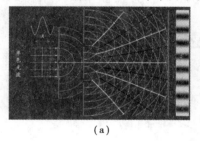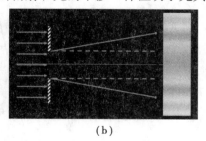

　　　　(a)　　　　　　　　　　　　　　　　(b)

图13.4　光的干涉与衍射

2)全息照相的原理

全息照相是利用光波的干涉和衍射原理,将物光波以干涉条纹的形式记录下来,然后在

一定条件下利用衍射再现原物体的立体图像。可见,全息照相必须分为两步进行:

①物体全息图的记录过程;

②立体物像的再现过程。

全息照相与普通照相(图13.5)的主要区别:

a.全息照相能够将物光波的全部信息(主要包括振幅和位相)记录下来,而普通照相只能记录物光波的强度和频率。

b.全息照片上每一部分都包含了被摄物体上每一点的光波信息,所以它具有可分割性,即全息照片的每一部分都能再现出物体的完整的图像。

c.在同一张全息底片上,可以采用不同的角度多次拍摄不同的物体,再现时,在不同的衍射方向上能够互不干扰地观察到每个物体的立体图像。

（a）普通照片

（b）全息照片

图 13.5　普通与全息照片对比

3）全息图的记录

全息摄影的记录原理如下所述。

①光路图。光路图如图 13.6 所示。

参考光的光程$=\overline{AC}+\overline{CE}$
物光的光程$=\overline{AB}+\overline{BD}+\overline{DE}$

图 13.6　光路图

②相干条件：频率相同、振动方向相同、相位差恒定。

a. 用分束镜将激光分成两束，可满足频率相同。

b. 用相同介质的反射镜对两束光进行反射，可满足振动方向相同。

c. 光学镜头的底座装有磁铁，可吸附在全息台上，满足相位差恒定。

③拍摄条件。

a. 激光束的直径 1 mm 左右，而被拍摄物体的尺寸通常比它大几个数量级，不能均匀照亮物体，需要用扩束镜将光束扩展。

b. 被拍摄物体表面进行的是漫反射，应用 95% 光强的一束照射被拍摄物体。

c. 物光要均匀照亮物体，调节物体方位使漫反射光的最强部分均匀落在干板上；参考光均匀覆盖干板；物光和参考光在干板上重合产生干涉。

d. 物光和参考光的夹角可选择在 45° 左右。

e. 物光和参考光的光程应尽量相等。

f. 物光和参考光应等高。

g. 物光与参考光两者的光强比一般选择 1:4。

h. 拍摄时，干板的药膜面应面向被拍摄物体。

i. 拍摄和冲洗底片都在暗室中进行，也可在绿色安全灯下进行冲洗。拍摄时应保持肃静，勿走动，关掉手机与光源。

4）全息图像的再现

① 5% 激光再现：在原光路中再现，将被摄物体拿掉，把全息干板放在原来的位置，透过干板就可以看到虚像。

②100% 激光再现：将拍摄好的三维全息图放到图 13.7 所示的位置中，透过全息干板就可以看到一个和原物一样的虚像。

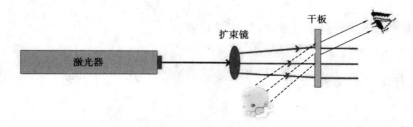

图 13.7　再现光路图

（3）操作要点

①打开激光器，按光路图排列光路，并满足拍摄条件，如图 13.8 所示。

②调整参考光与物光的光程差。

③参考光与物光的夹角为 45°。

④放干板，在老师统一指挥下拍摄，曝光时间一般为 80 s 左右。

⑤显影时，如曝光量合适，显影液温度在 20 ℃ 左右，则显影时间一般在 1 mim 左右，具体

时间要根据显影液浓度来定。显影后放入清水中漂洗,再放入定影液中,定影时间为 6 mim 左右,然后水洗,具体操作过程见图 13.9,用吹风机吹干,即得一全息干板。

图 13.8　记录的实物图

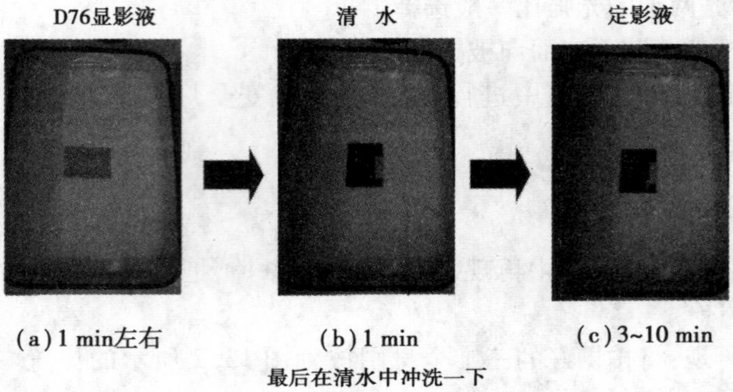

D76显影液　　　　　　　清　水　　　　　　　定影液

（a）1 min左右　　　　　（b）1 min　　　　　（c）3~10 min

最后在清水中冲洗一下

图 13.9　显影、定影过程

⑥将干板放入再现光路中观察虚像,记录现象。

（4）数据记录及处理

①观察是否清晰、立体感如何?
②改变全息图与扩束镜的距离,虚像有何变化?
③遮住部分全息图再现有何变化?
④全息图的再现像亮度可调吗?
⑤观察全息图白光下色散。

（5）例题

例题 1　在全息摄影实验中调整光路时,为什么要求物光和参考光的光程差尽量小?

答 若不考虑其他因素,当物光和参考光的光程差处于相干长度范围内,并且光程差越小时,得到的干涉条纹的对比度会更大,全息图再现时图像更清晰,效果会更好。

例题 2 如何用数学模型表达全息摄影?

答 设物光波 O 和参考光波 R 均为平面波,则有:

$$O(x,y) = O_0(x,y)\exp[\mathrm{i}\phi_0(x,y)]$$

$$R(x,y) = R_0(x,y)\exp[\mathrm{i}\phi_R(x,y)]$$

物光波 O 和参考光波 R 干涉叠加时, 在 x—y 平面干板上的复振幅为:

$$U(x,y) = O(x,y) + R(x,y)$$

$$= O_0\exp[\mathrm{i}\phi_0(x,y)] + R_0(x,y)\exp[\mathrm{i}\phi_R(x,y)]$$

干板上的光强是它们复振幅的平方,即

$$I(x,y) = U^*(x,y)U(x,y)$$

$$= O_0^2 + R_0^2 + O_0R_0\exp[\mathrm{i}(\phi_0 - \phi_R)] + O_0R_0\exp[-\mathrm{i}(\phi_0 - \phi_R)]$$

式中 O_0^2, R_0^2 ——物光与参考光独立照射干板时的光强度;第三、四项为物光与参考光之间的相干项,它们将物光的位相信息转化成干涉条纹的间距、走向等的变化记录在干板上。

选择合适的曝光量及冲洗条件,可使得曝光冲洗后干板的透射率 T 与曝光时的光强 I 之间为线性关系:

$$T(x,y) = T_0 + KI$$

$$= T_0 + K(O_0^2 + R_0^2) + KO_0R_0\exp[\mathrm{i}(\phi_0 - \phi_R)] +$$

$$KO_0R_0\exp[-\mathrm{i}(\phi_0 - \phi_R)]$$

式中 T_0 ——未曝光部分的透射率;

K ——小于 1 的比例系数。当以原参考光照射全息干板时,透射光波为:

$$M(x,y) = R(x,y)T(x,y)$$

$$= [T_0 + K(O_0^2 + R_0^2)]R_0\exp(\mathrm{i}\phi_R) +$$

$$KO_0R_0^2\exp(\mathrm{i}\phi_0) + KO_0R_0^2\exp[-\mathrm{i}(\phi_0 - 2\phi_R)]$$

上式中的透射光包含 3 部分:第一项是按一定比例重建的参考光,沿原来方向传播,即光栅的零级衍射。第二项与物光相比振幅多一个系数 KR_0^2,这便是按一定比例重建的物光波,相当于一个一级衍射波,正是这一光波形成了与物体完全逼真的三维立体虚像,从不同的角度去观察,能看到虚像的侧面。第三项与物光波的共轭光波有关,它是因衍射而产生的另一个一级衍射波,它会形成一个发生畸变的,物体的前后关系与实物相反的实像。

(6) 习题

1) 填空题

① 全息图的记录利用了光的_____现象;全息图的再现利用了光的_____现象。

②在普通摄影中,底片只记录物体上各点散射光波的_____信息。全息摄影记录了物光波的_____信息和_____信息,所以能再现物体的_____虚像。

③全息摄影记录的是_____光和_____光相互叠加的干涉图样,它包含了被摄物体的_____信息和_____信息。

④全息图的一部分碎片可再现完整的被摄物像,是因为全息图具有_____的特性。

⑤在暗室中,将曝光后的全息干板放入_____液里,待干板有一定的黑度后取出,清洗一下再放入_____液里,6 min后取出冲洗干净,吹干即得一张全息图。

⑥观察再现像时,平移全息图即全息图与参考点光源的距离越_____(远或近),图像越_____(大或小)。

⑦观察再现像时,再现光越_____(强或弱),像就越_____(亮或暗)。

⑧进行全息摄影时,光学元件必须放置在_____上,其目的是减小_____。

⑨全息图的记录介质,也称为_____。实验中看见的再现像是_____(虚/实)像。

⑩普通摄影只记录了物体的_____,因此丧失了物体的_____信息,图像也就没有了_____,丧失了_____。

⑪全息图记录的不是物体的_____,而是记录的_____光与_____光的干涉条纹。

⑫全息实验最大的忌讳是_____问题,因此除要求全息平台具有_____功能外,还要求人们在记录全息图的过程中杜绝一切产生_____的行为。

⑬对全息图的干涉条纹而言,它的对比度取决于物光和参光的_____;它的走向及疏密取决于物光和参光的_____。

2) 选择题

①记录全息图,以下说法正确的是( )。

A. 空气的振动对全息图的记录有影响

B. 空气的振动对全息图的记录无影响

C. 参考光与物光的光程差要尽量小

D. 参考光与物光的光强比要尽量大

②对全息图的特点,以下说法正确的是( )。

A. 全息图具有折射成像的性能,能再现出物体的三维立体像

B. 全息图上任一处即记录了整个物体光波的分布,因而全息图具有可分割性

C. 全息图的再现像亮度可改变,再现时的入射光越强,再现像就越亮

D. 全息图的再现像大小不会因全息图与再现光的距离变化而变化

③关于全息摄影,以下说法正确的是( )。

A. 全息图的再现是利用光的干涉现象

B. 全息图的记录是利用光的衍射现象

C. 通过全息图对白光的色散现象,可检验全息干板是否记录了干涉条纹

D. 全息图被敲碎后,取任一碎片仍能再现完整的被摄物像

④关于全息摄影,以下说法错误的是(　　　)。

A.空气的振动对全息图的记录无影响

B.全息摄影要求全息干板的分辨率很高,所以其曝光时间远超普通照相

C.全息摄影记录的是物光和参考光相互叠加的衍射图样

D.全息图被敲碎后,就不能再现完整的被摄物像

(7)参考答案

1)填空题

①干涉,衍射

②振幅,振幅,位相,立体

③物,参,振幅,相位

④可分割

⑤显影,定影

⑥远,大,或近,小

⑦强,亮,或弱,暗

⑧防震光学平台,振动

⑨全息干板,虚

⑩光强度,位相,视差,立体感

⑪影像,物,参考

⑫振动,隔震,振动

⑬振幅,相位

2)选择题

①AC　②BC　③CD　④ACD

14

传感器系列实验

Strain gauge and weight sensors

(1) 实验背景

传感器是一种检测装置，能感受到被测量的信息，并能将检测感受到的信息，按一定规律变换成为电信号或其他所需形式的信息输出，以满足信息的传输、处理、存储、显示、记录和控制等要求。它是实现自动检测和自动控制的首要环节。未来几乎所有产品都将智能化，传感器是智能化交互必备要素。传感器技术是当今世界令人瞩目的一项迅猛发展起来的高新技术，也是当代科学技术发展的一个重要标志，它与通信技术、计算机技术构成了信息产业的三大支柱之一。

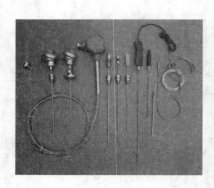

图 14.1　温度传感器，压力传感器，电流互感器

传感器是实现自动检测和自动控制的首要环节。在现代工业生产尤其是自动化生产过程中，要用各种传感器来监视和控制生产过程中的各个参数，使设备工作在正常状态或最佳状态，并使产品达到最好的质量。故可说，没有众多优良的传感器，现代化生产也就失去了基础。

在基础学科研究中，传感器更具有突出的地位。现代科学技术的发展进入了许多新领域：例如在宏观上要观察上千光年的茫茫宇宙，微观上要观察小到纳米（10^{-9}m）的粒子世界，纵向上要观察长达数十万年的天体演化,短到飞秒(10^{-12} s)的瞬间反应。此外,还出现了对深化物质认识、开拓新能源、新材料等具有重要作用的各种极端技术研究,如超高温、超低温、超高压、超高真空、超强磁场、超弱磁砀等。显然,要获取大量人类感官无法直接获取的信息,就需要有相适应的传感器。许多基础科学研究的障碍,首先就在于对象信息的获取存在困难,而一些新机理和高灵敏度的检测传感器的出现,往往会导致该领域内的突破。一些传感器的发展,往往是一些边缘学科开发的先驱。

　　传感器早已渗透到诸如工业生产、宇宙开发、海洋探测、环境保护、资源调查、医学诊断、生物工程,甚至文物保护等极其之泛的领域。可以毫不夸张地说,从茫茫太空,到浩瀚的海洋,以至各种复杂的工程系统,几乎每一个现代化项目都离不开各种各样的传感器。

　　传感器按工作原理可分为电阻、电容、电感、电压、霍尔、光电、光栅、热电偶等不同类型的传感器。

　　本实验将以箔式应变片和半导体应变片作为敏感元件,利用非平衡电桥来测试两种材料的内部应力与应变的关系,研究压力传感器的工作原理。

(2)重点、难点

1)电阻式应变片

金属导体的电阻 R 与其电阻率 ρ、长度 L、截面 A 的大小有关,即

$$R = \rho \frac{L}{A} \tag{14.1}$$

导体在承受机械形变过程中,电阻率、长度、截面都要发生变化,从而导致其电阻变化:

$$\frac{\Delta R}{R} = \frac{\Delta \rho}{\rho} + \frac{\Delta L}{L} - \frac{\Delta A}{A} \tag{14.2}$$

这样就可将导体所承受的应力转变成应变,进而转换成电阻的变化。因此电阻应变片能将弹性体上应力的变化转换为电阻的变化。

　　电阻应变片一般由基底片、敏感栅、引线及履盖片用黏合剂粘合而成,电阻应变片的结构如图 14.2 所示。

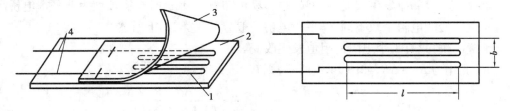

图 14.2　电阻应变片结构原理示意图

1—敏感栅(金属电阻丝);2—基底片;3—覆盖层;4—引出线

　　①敏感栅。敏感栅是感应弹性应变的敏感部分。敏感栅由直径为 0.01 ~ 0.05 mm 的高电阻系数的细丝弯曲成栅状,其实际上是一个电阻元件,是电阻应变片感受构件应变的敏感

部分。敏感栅用黏合剂固定在基底片上。$b \times l$ 称为应变片的使用面积[应变片工作宽度 b,应变片标距(工作基长)l],应变片的规格一般以使用面积和电阻值来表示,如 $3 \times 10 \, \text{mm}^2$,$350 \, \Omega$。

②基底片。基底将构件上的应变准确地传递到敏感栅上去,因此,基底必须做得很薄,一般为 $0.03 \sim 0.06 \, \text{mm}$,使它能与试件及敏感栅牢固地黏结在一起,另外,其还具有良好的绝缘性、抗潮性和耐热性,基底材料有纸、胶膜和玻璃纤维布等。

③引出线。其作用是将敏感栅电阻元件与测量电路相连接,一般由 $0.1 \sim 0.2 \, \text{mm}$ 低阻镀锡钢丝制成,并与敏感栅两输出端相焊接,覆盖片起保护作用。

④黏合剂。将应变片用黏合剂牢固地粘贴在被测试件的表面上,随着试件受力形变,应变片的敏感栅也获得同样的形变,从而使其电阻随之发生变化,通过测量电阻值的变化可反映出外力作用的大小。

2)非平衡电桥测量技术

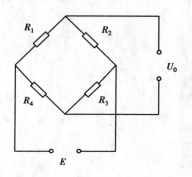

图 14.3　惠斯登电桥

在惠斯登电桥电路中,若电桥的 4 个臂均采用可变电阻,即将两个变化量符号相反的可变电阻接入相邻桥臂内,而将两个变化量符号相同的可变电阻接入相对桥臂内,这样构成的电桥电路称为全桥差动电路。

为了消除电桥电路的非线性误差,通常采用不平衡电桥进行测量。传感器上的电阻 R_1、R_2、R_3、R_4 连接成如图 14.3 所示的直流桥路,cd 两端接稳压电源 E,ab 两端为电桥电压输出端,输出电压为 U_0,由图 14.3 可得:

$$U_0 = E\left(\frac{R_1}{R_1 + R_2} - \frac{R_4}{R_3 + R_4}\right) \qquad (14.3)$$

当电桥平衡时,$U_0 = 0$,可得:

$$R_1 \cdot R_3 = R_2 \cdot R_4 \qquad (14.4)$$

这就是人们熟悉的电桥平衡条件。

一般的非平衡电桥接在传感器上贴的电阻片是相同的 4 片电阻片,其电阻值相同,即:

$$R_1 = R_2 = R_3 = R_4 = R \qquad (14.5)$$

由上式可知,当传感器不受外力作用时,电桥满足平衡条件,a、b 两端输出的电压 $U_0 = 0$。

电阻 R_1、R_2、R_3、R_4 发生改变的时候,很容易可知 $U_0 \neq 0$,这时电桥被称为非平衡电桥。根据阻值发生改变的电阻个数不同,非平衡电桥一般分为 3 类,如下所述。

①单臂电桥:只有 1 个电阻的阻值发生改变。

当 R_1 变化为 $R_1 + \Delta R$,如图 14.4 所示,则有

$$U_0 = \frac{(R_1 + \Delta R_1)R_3 - R_2 R_4}{(R_1 + \Delta R_1 + R_2)(R_3 + R_4)} \qquad E \approx \frac{\Delta R_1/R_1 \times R_3/R_4}{(1 + R_2/R_1)(1 + R_3/R_4)}E$$

考虑到 $R_1 = R_2 = R_3 = R_4 = R$,故

$$U_0 = \frac{\Delta R}{4R}E \qquad (14.6)$$

②双臂电桥(半桥):两个电阻的阻值发生改变(比如 R_1 和 R_2),如图 14.5 所示。

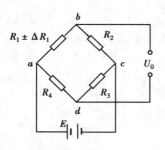

图 14.4 单臂电桥

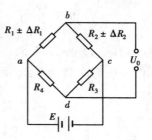

图 14.5 双臂电桥(半桥)

$$U_0 = \frac{(R_1 + \Delta R_1)R_3 - (R_2 + \Delta R_2)R_4}{(R_1 + \Delta R_1 + R_2 + \Delta R_2)(R_3 + R_4)}E$$

$$\approx \frac{\Delta R_1/R_1 \times R_3/R_4 - \Delta R_2/R_2 \times R_4/R_3}{(1 + R_2/R_1)(1 + R_3/R_4)}E$$

$$= \frac{1}{4}\left(\frac{\Delta R_1}{R_1} - \frac{\Delta R_2}{R_2}\right)E \tag{14.7}$$

③全臂电桥(全桥):4 个电阻都发生改变,如图 14.6 所示,则有

$$U_0 = \frac{E}{4}\left(\frac{\Delta R_1}{R_1} - \frac{\Delta R_2}{R_2} + \frac{\Delta R_3}{R_3} - \frac{\Delta R_4}{R_4}\right) \tag{14.8}$$

3)灵敏度

电桥的灵敏度定义为:电桥的输出电压与被测应变片在电桥的一个桥臂上引起的电阻相对改变之间的比值,即:

$$S = \frac{U_0}{\dfrac{\Delta R}{R}} \tag{14.9}$$

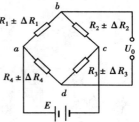

图 14.6 全臂电桥(全桥)

因此,单臂电桥的灵敏度:

$$S_1 = \frac{U_0}{\dfrac{\Delta R}{R}} = \frac{E}{4} \tag{14.10}$$

对半桥来讲,当 $R_1 \rightarrow R_1 + \Delta R$, $R_2 \rightarrow R_2 - \Delta R$ 时,灵敏度最高:

$$S_2 = \frac{U_0}{\dfrac{\Delta R}{R}} = \frac{E}{2} \tag{14.11}$$

对全桥来讲,当 R_1 和 R_3 增大,R_2 和 R_4 减小,灵敏度最高:

$$S_4 = \frac{U_0}{\dfrac{\Delta R}{R}} = E \tag{14.12}$$

由上可知,全桥和半桥的灵敏度分别是单臂电桥灵敏度的 4 倍和 2 倍。

对金属应变片制作的压力传感器来讲,在一般情况下,所加砝码质量 m 正比于(压力)与应变片的电阻值相对改变 $\Delta R/R$ 成正比关系,所以传感器的灵敏度可定义为:

$$S = \frac{U_0}{m}$$

由式 14.10—式 14.12 可知,电桥输出的不平衡电压 U_0 与电阻的变化 ΔR 成正比,如测出 U_0 的大小即可反映外力 F 的大小。还可说明电源电压不稳定将给测量结果带来误差,因此电源电压一定要稳定。另外,若要获得较大的输出电压 U_0,可以采用较高的电源电压,但电源电压的提高受两方面的限制:一是应变片的允许温度;一是应变电桥电阻的温度误差。

(3)操作要点

1)连线

本实验的重点是电路的连接,确定整个图需要几条连接线,每条连接线和哪个电阻、放大器、电位器、电压表、电源的接线柱如何连接,可参考图 14.7。

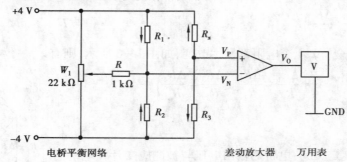

图 14.7　非平衡电桥测应变片的灵敏度电路连接示意图

2)测量单臂电桥和半桥的灵敏度

①差动放大器调零。V + 接至直流恒压源的 + 15 V,V − 接至 − 15 V,调零模块的 GND 与差动放大器模块的 GND 相连在同一个九孔方块上,并接至直流恒压源的接地端;V_{REF} 与 V_{REF} 相连在同一个九孔方块上。再用导线将差动放大器的输入端同相端 $V_P(+)$、反相端 $V_N(-)$ 与地(GND)短接。将增益旋钮顺时针旋到底,得到最大增益。用万用表测差动放大器输出端 V_0 的电压(万用表 COMM 接口接至 GND);开启直流电源;调节调零旋钮使万用表显示为零(量程选择 2 V 直流电压)。

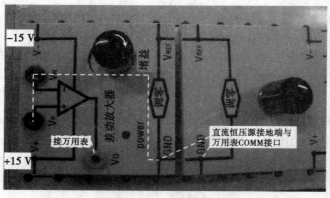

图 14.8　差动放大器调零电路

②在九孔板上按图 14.7 接线,图中 R_x 为应变片,R 为 1 kΩ 电阻,W_1 为滑动变阻器。

③先测单臂电桥,将电子秤的应变片接到 R_x 处,注意应变片上的箭头方向要与电子秤上对应的 R_4 的箭头方向一致。

④在电子秤托盘上面没有砝码时,将滑动变阻器两端分别接入直流恒压源的 ±4 V 档,然后调节滑动变阻器 W_1,使万用表显示读数为零(量程选择 2 V 直流电压)。

⑤每次加一个砝码(20 g),从万用表上读出差动放大器输出的电压 U_0,直至加到第 10 个砝码。

⑥取下所有砝码,将 R_1 或 R_3 更换成与 R_x 工作状态相反的另一个应变片,组成半桥,保持放大器增益不变,重复步骤④、⑤,测出加上不同数量砝码时的输出电压。

⑦半桥实验做完后,可将剩下的两个固定电阻换成应变片,组成全桥,重复步骤④、⑤,测出加上不同数量砝码时的输出电压。

注意:组成半桥以及全桥的时候,一定要让邻臂的应变片的工作状态方向相反,否则会相互抵消,没有输出电压。组成全桥时,要求应变片的工作状态"邻臂相反,对臂相同"。工作状态方向可以从应变片上的箭头方向判断,↑与↓相反,如图 14.7 所示全桥连接时箭头方向排列。

(4)数据记录及处理

①数据记录。实验中需要记录托盘上加不同质量表 14.1 砝码的时候,电压表读出的输出电压即可,见表 14.1。

m/g	0	20	40	60	80	100	120	140	160	180	200
U_0(单臂)/V											
U_0(半桥)/V											

②数据处理:作图法。以质量为自变量(x 轴),单臂电桥和半桥的电压为因变量(y 轴),在同一个坐标中做出单臂电桥和半桥的 U_0-m 图,并拟合各自的直线,求出各自的灵敏度(直线斜率)。

比较单臂电桥和半桥的灵敏度,得出定性结论。

注意:作图的时候需要设置截距为 0。

(5)思考题

①什么是金属的电阻应变效应? 怎样利用这种效应制成应变片?
②金属应变片与半导体应变片在工作原理上有何不同?
③本实验电路对直流稳压电源和放大器有何要求?
④单臂、半桥和全桥的连接方法各有几种?

⑤分析此种压力传感器是否是线性传感元件？

⑥传感器的灵敏度与电源电压有何关系？电源电压可无限加大吗，为什么？

附:[仪器介绍]

①九孔板。九孔板是一个常见的电路连接平台,结构很简单,上面的小孔是用来插入电路元件的,比如电阻、电容、电感、差动放大器等,板上实线连接的地方都是直接用导线连接在一起的,具有相同的电位,如图 14.9 所示。

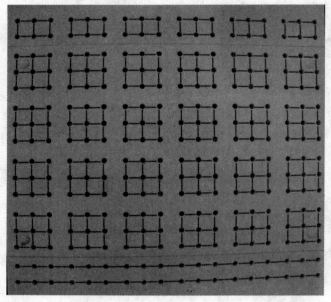

图 14.9　九孔板

②差动放大器。差动放大器如图 14.10 所示。

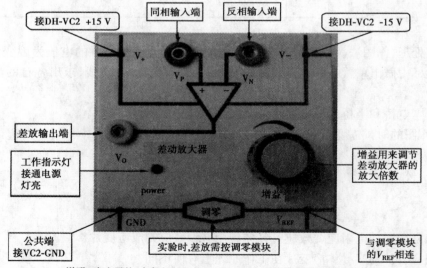

说明: 在盒子的4个角上(V+、V−、GND、V_{REF})均从下面的铜柱引出。

图 14.10

(6)例题

例题　结合所学实验,设计一个将滑块加速度转化为电压量的应变式传感器。

要求:

①简要画出测量装置的原理图。

②简要写出所设计的测量装置的工作原理。

③简要写出测量方法和数据处理方法。

答　思路提示

①将立方体固定在钢梁条上端,它可使加速运动转化为钢梁条的形变,从而使粘在钢条上的应变片电阻发生变化,测量装置的原理如图 14.11 所示;

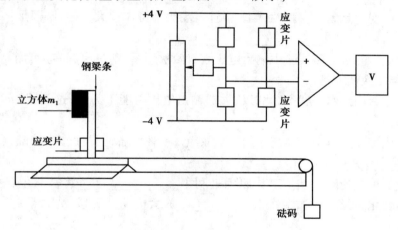

图 14.11

②砝码质量为 M 时,滑块加速度 a 为:

$$a = \frac{Mg}{M + m + m_1 + m_2}$$

③从小到大改变牵引砝码质量,测出不同加速度对应的输出电压 U,用图示法作业 U-a 曲线。

(7)习题

1)简答题

①什么是传感器?

②传感器的作用是什么?

③传感器应用的一般模式是怎样的? 请画图表示。

④传感器由哪些组成部分？在检测过程中各起什么作用？

⑤金属电阻应变片与半导体应变片各有什么特点。

⑥简述电阻丝应变片的工作原理。

⑦应变片为什么要进行温度补偿？

⑧为什么必须进行非线性补偿？电阻应变片传感器测量采取何措施？

⑨什么是热敏电阻传感器？测量温度的范围？

2)填空题

①在弹性范围内,箔式应变片的灵敏度定义为:_____。

②在应变片传感器测量电路中,电路的灵敏度定义为:_____。

③金属箔式应变片与金属丝式应变片相比有 3 个优点,a. _____
b. _____ c. _____。

④实验中应变片是紧黏在弹性臂上,弹性臂端头不可作较大位移,原因是:_____
_____。

⑤应变片电桥测量电路实验中输出电压表有两次调零,第一次调零是为了_____
_____,第二次调零是为了_____。

⑥弹性梁重新回到水平状态,此时放大器输出电压可能不为零,这是因为_____
_____。

⑦半导体应变片是以半导体晶体的压阻效应及晶体的各向异性作为基础,半导体的压阻效应是指_____。

⑧电阻应变片式传感器基本工作原理是利用_____将被测位移的变化,转换成_____的变化,再经桥式电路变成_____由放大电路放大后输出,最后达到测量位移的目的。

⑨灵敏度是指传感器的_____与_____的比值。

⑩金属应变片的工作原理是基于_____效应。

⑪半导体应变片的工作原理是基于_____效应。

⑫若测量系统输入量为位移,输出量为电压,则其灵敏度为_____,灵敏度的单位为_____。

⑬直流电桥中_____接法的灵敏度最高。

⑭一般家用电器用到传感器的有_____、_____、_____、_____。

⑮电子秤是常用的一种力传感器,由_____和_____组成的,_____是一种敏感元件,现在多用半导体材料组成,受压时其上表面拉伸,电阻变_____,下表面压缩,电阻变_____。外力越大,这两个表面的电压差值就越_____。

⑯为解决楼道的照明问题,在楼道内安装一个传感器与控制电灯的电路相接。当楼道内有走动而发出声响时,电灯即被电源接通而发光,这种传感器为_____传感器,它输入的是_____信号,经传感器转换后,输出的是_____信号。

⑰温度传感器能将_____信号转变成_____信号。电熨斗就是靠双金属片温度传感器来控制温度的,这种传感器的作用是_____。

⑱光电传感器利用_____将_____信号转换成了_____信号;热电传感器利用_____将_____信号转换成了_____信号,从而实现自动控制的目的。

3)选择题(至少有一个选项正确)

①金属丝式应变片随试件变形时,引起应变片电阻值发生变化的原因是(　　)。

　　A.长度变化　　　　　　　　　　　B.截面积变化

　　C.电阻率变化　　　　　　　　　　D.三者都要变化

②图14.12为传感器系统的组成框图,请将选择填入方框中。

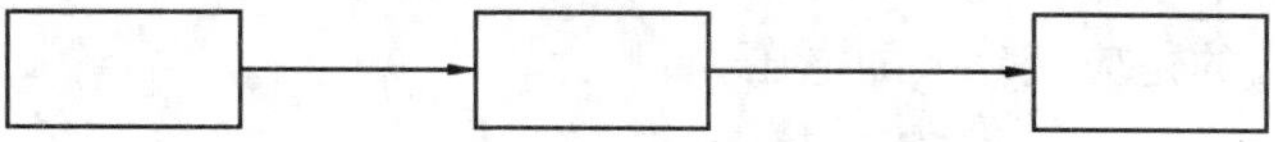

图 14.12

　　A.信息显示部分(如电表)　　　　B.应变片

　　C.放大转换电路　　　　　　　　　D.传感器

③关于传感器中的敏感元件,下列说法正确的是(　　)。

　　A.敏感元件都是由半导体材料做的

　　B.敏感元件也可以是金属材料做的

　　C.干簧管是一种能感知磁场变化的敏感元件

　　D.半导体热敏电阻是一种能感知电场变化的敏感元件

④在半导体应变片传感器实验中,将应变片接成单臂、半桥、全桥时电路的灵敏度为(　　)。

　　A. $S_全 > S_半 > S_单$ 　　　　　　　B. $S_全 < S_半 < S_单$

　　C. $S_全 = S_半 = S_单$ 　　　　　　　D. $S_全 > S_单 > S_半$

⑤(　　)利用了光传感器的原理。

　　A.火灾报警器　　　　　　　　　　B.遥控器

　　C.测温仪　　　　　　　　　　　　D.速度计

⑥下列说法正确的是(　　)。

　　A.话筒是一种常用的声传感器,其作用是将电信号转换为声信号

　　B.电熨斗能够自动控制温度的原因是它装有双金属片温度传感器,这种传感器的作用是控制电路的通断

　　C.电子秤所使用的测力装置是力传感器

　　D.半导体热敏电阻常用作温度传感器,因为温度越高,其电阻值越大

⑦如图14.13所示,R_1、R_2、R_3 是固定电阻,R_4 是光敏电阻,当开关 S 闭合后在没有光照射时,a、b 两点等电势,当用光照射 R_4 时(　　)。

　　A. R_4 的阻值变小,a 点电势高于 b 点电势

　　B. R_4 的阻值变小,a 点电势低于 b 点电势

　　C. R_4 的阻值变大,a 点电势高于 b 点电势

　　D. R_4 的阻值变大,a 点电势低于 b 点电势

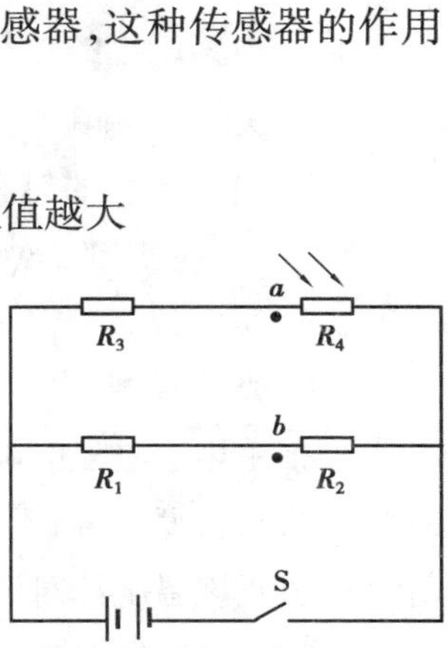

图 14.13

⑧随着生活质量的提高,自动干手机已进入家庭。洗手后,将湿手靠近自动干手机,机内的传感器便驱动电热器加热,有热空气从机内喷出,将湿手烘干。手靠近干手机能使传感器工作,是因为(　　)。

A. 改变了湿度 　　　　　　　　　　　　B. 改变了温度

C. 改变了磁场 　　　　　　　　　　　　D. 改变了电容

⑨关于电子秤中应变式力传感器的说法正确的是(　　)。

A. 应变片多用半导体材料制成

B. 当应变片的表面拉伸时,其电阻变大;反之,变小

C. 传感器输出的是应变片上的电压

D. 外力越大,输出的电压差值也越大

⑩下列说法正确的是(　　)。

A. 话筒是一种常用的声电传感器,其作用是将电信号转换为声音信号

B. 楼道里的灯只有天黑时出现声音才亮,说明它的控制电路中只有声电传感器

C. 电子秤所使用的测力装置能将受到压力大小的信息转化为电信号

D. 光敏电阻能够将光照强度这个光学量转换为电阻这个电学量

⑪关于传感器,下列说法正确的是(　　)。

A. 所有传感器都是由半导体材料做成的

B. 金属材料也可制成传感器

C. 干簧管是一种能够感知磁场的传感器

D. 传感器一定是通过感知电压的变化来传递信号的

⑫家用电热灭蚊器中电热部分的主要部件是 PTC 元件,PTC
元件是由酞酸钡等半导体材料制成的电阻器,其电阻率与温度的关系如图14.14所示,由于这种特性,PTC 元件具有发热、控温两重功能,对此以下说法中正确的是(　　)。

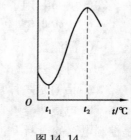

A. 通电后其功率先增大后减小

B. 通电后其功率先减小后增大

C. 当其产生的热量与散发的热量相等时,温度保持在 t_1 至
　　t_2 的某一值不变

图 14.14

D. 当其产生的热量与散发的热量相等时,温度保持在 t_1 或 t_2 不变

⑬鼠标器使用的是(　　)。

A. 压力传感器 　　　　　　　　　　　　B. 温度传感器

C. 光传感器 　　　　　　　　　　　　　D. 红外线传感器

⑭有一热敏电阻的电阻值随温度变化的 R-t 图像如图 14.15 所示,现将该热敏电阻接在欧姆表的两表笔上,做成一个电子温度计,为了便于读数,再将欧姆表上的电阻值转换成温度值。现想使该温度计对温度的变化反应较为灵敏,那么该温度计测量哪段范围内的温度较为适宜(设在温度范围内,欧姆表的倍率不变)(　　)。

A. $t_1 \sim t_2$ 段

B. $t_2 \sim t_3$ 段

C. $t_3 \sim t_4$ 段

D. $t_1 \sim t_4$ 段

⑮下列家用电器的自动控制中用到温度传感器的是（　　）。

A. 电冰箱　　　　　　　　　　　B. 微波炉

C. 消毒柜　　　　　　　　　　　D. 电炒锅

⑯在声控灯控制系统中,传感器接收声音信号,经控制电路处理后驱动开关接通或关闭灯泡。该系统的控制对象是灯泡,控制量是（　　）。

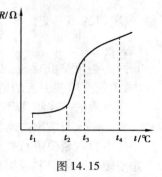

图 14.15

A. 灯泡的发光　　　　　　　　　B. 声音的大小

C. 电源电压的高和低　　　　　　D. 开关的通与断

⑰利用相邻双臂桥检测的应变式传感器,为使其灵敏度高、非线性误差小,（　　）。

A. 两个桥臂都应当用大电阻值工作应变片

B. 两个桥臂都应当用两个工作应变片串联

C. 两个桥臂应当分别用应变量变化相反的工作应变片

D. 两个桥臂应当分别用应变量变化相同的工作应变片

4) 设计题

①结合所学实验,请用电阻应变片设计一个滑窗防盗报警装置。

②结合所学实验,请用电阻应变片设计一个防水溢出的水箱水位报警装置。

要求:

a. 简要画出测量装置的原理图。

b. 简要写出设计的测量装置的工作原理。

c. 简要写出测量方法和数据处理方法。

（8）参考答案

1) 简答题

①传感器是将各种非电量,包括物理量、化学量、生物量按一定规律转换成便于处理和传输的另一种物理量（一般为电量的装置）。

②传感器的作用是替代人的感官功能并且在检测人的感官所不能感受的参数方面创造了十分有利的条件。

③传感器由敏感元件、转换元件和测量电路 3 部分组成,有时还需要加辅助电源。

④他们应变效应不一样:金属应变片基于敏感栅形变的电阻应变效应、半导体应变片基于压阻效应。

⑤当外力（或重力）作用于传感器的弹性原件时,弹性原件便产生 $\Delta l/l$（应变 ε）的相对变

形量,电阻值的相对变化率 $\Delta R/R$ 与应变 $\Delta l/l$ 成正比关系。$\dfrac{\Delta R}{R} = K \dfrac{\Delta l}{l}$,所以,$\Delta R/R$ 与外力 P 成正比关系。

⑥因为温度变化会造成应变电阻变化,对测量造成误差。消除这种误差或对它进行修正,以求出仅由应变引起的电桥输出的方法。

⑦在仪表的基本组成环节中(尤其是灵敏元件)中有许多具有非线性的静特性,为了保证测量仪表的输入与输出之间具有线性关系。非线性电阻应变传感器采用桥路接法时,在半导体应变片中对测量值进行修正,或在电路上采取线性补偿措施。

⑧使用热敏电阻制成温度传感器;温度范围一般是 $-55 \sim 315$ ℃ 。(热敏电阻包括正温度系数 TPC 和负温度系数 NTC 热敏电阻以及临界温度热敏电阻。热敏电阻主要特点是:

a. 灵敏度较高,其电阻温度系数要比金属大 $10 \sim 100$ 倍以上。能检测出 $10 \sim 6$ ℃的温度变化;

b. 工作温度范围宽,常温器件适用于 $-55 \sim 315$ ℃,高温器件适用于温度高于 315 ℃目前最高可达到 2 000 ℃,低温器件适用于 $-273 \sim 55$ ℃;

c. 体积小能够测量其他温度计无法测量的空隙腔体及生物体内血管的温度;

d. 使用方便,电阻值可在 $0.1 \sim 100$ kΩ 任意选择;

e. 宜加工成复杂的形状,可大批量生产;

f. 稳定性好、过载能力强。

2)填空题

①$s = \dfrac{\Delta R/R}{\Delta L/L}$

②$S_{\text{V}} = \dfrac{U_0}{\Delta R}$

③a. 横向部分特别粗,可大大减小横向效应

b. 与基底的接触面积大,能更好地随同试件变形

c. 线段表面积大,散热条件好,允许通过较大的电流

④保护应变片,因为应变片随弹性臂发生较大的变形,容易超过金属丝(片)的弹性限度,引起丝(片)的断裂而损坏应变片

⑤消除差动放大电路的零点飘移 使电桥平衡

⑥应变片的机械滞后效应引起的

⑦当半导体晶体的某一晶向受到应力作用时,其电阻率会产生变化的现象

⑧应变片 电阻值 电压

⑨输出量 输入量

⑩电阻应变

⑪压阻

⑫$\Delta V/\Delta x$ V/mm

⑬全桥

⑭电视机、电饭锅、空调、冰箱、热水器

⑮金属梁、应变片、应变片、大、小、大

⑯声电;声;电

⑰温度、电、控制电源的通断

⑱光敏电阻;光;电;热敏电阻;温度;电

3) 选择题

①D　　②BCA　　③BC　　④A　　⑤ABC　　⑥BC　　⑦B　　⑧D　　⑨BD

⑩C　　⑪BC　　⑫AC　　⑬CD　　⑭B　　⑮ABD　　⑯B　　⑰D　　⑱C

4) 设计题

①思路提示:在滑窗上沿固定一小段横杆,将粘有应变片的弹性条固定在小横杆旁,推动滑窗小横杆将使弹性条弯曲形变,使差动放大器输出较大的电流,这个电流流过一个线圈将产生磁场,该磁场可使常闭干簧管断开(或常开干簧管闭合)而使报警电路工作。

知识拓展:图 14.16 所示为报警电路工作原理图,它是一个双稳态电路和音频振荡电路的组合。GH 为常开干簧管,当应变片随弹性条形变,差动电路有较大电流输出,该电流在线圈中产生的磁场使 GH 常开触点闭合,振荡器工作,发出报警声,只有按下 AN,才能使电路停止工作。

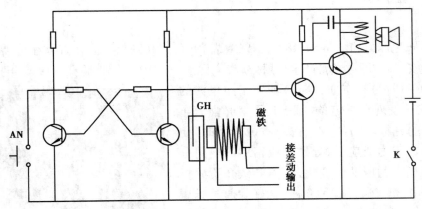

图 14.16　报警电路工作原理图

②思路提示:水箱水位报警装置如图 14.17 所示,在水箱内固定一个圆筒,筒内放一个浮子,浮子随水位上升将使弹性梁变形,差动电路输出一个电流流过线圈,从而使报警电路工作。

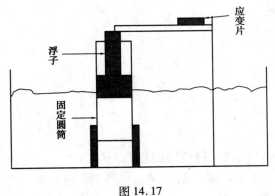

图 14.17

15

声光衍射与液体中声速的测定

Measurement of sound speed in water by acousto-optic diffraction

(1) 实验背景

1922年布里渊(L. Brillouin,1889—1969)曾预言,当高频超声波在液体在传播时,如果有可见光通过该液体,可见光将产生衍射效应,这一预言在10年后被验证。1935年拉曼(C. V. Raman,1888—1970)和奈斯(Nath)证实了布里渊的设想,通过实验发现在一定条件下,其衍射光强分布类似于普通的光栅。当超声波在介质中传播时,使介质产生弹性应力或应变,导致介质密度的空间分布出现疏密相间的周期性变化,从而导致介质的折射率相应变化,光束通过这种介质,就好像通过光栅一样,会产生衍射现象,这一现象被称为声光衍射(又称为超声衍射)。人们将这种载有超声的透明介质称为超声光栅。利用超声光栅可以测定超声波在介质中的传播速度。激光超声光衍射如图15.1所示。

图15.1 激光超声光衍射

(2) 重点、难点

1) 光栅

由大量等宽度等间距排列的平行狭缝构成的光学器件称为光栅。如图15.2所示,光栅透光部分宽度为 a,不透光部分宽度为 b,则光栅相邻两条狭缝之间的间距为 $d = a + b$,称为光栅常数,是光栅的一个非常重要的参数。从广义上理解,任何具有空间周期性的衍射屏都可

142

以称为光栅。

当一束平行光经过光栅的时候,会发生衍射现象,即光的传播方向会发生改变,其余光栅法线方向间的夹角 θ 称为衍射角。

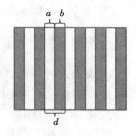

图 15.3 为光栅衍射的示意图,当一束平行光垂直入射到光栅上时,各缝沿着同一衍射角 θ 的光经过透镜会汇聚到屏幕的同一点 P。此时,相邻两缝沿着 θ 方向光的光程差 $\delta = d \sin \theta$。

根据光栅衍射理论,当:

$$\delta = d \sin \theta = \pm k\lambda, \quad (k = 0,1,2,3,\cdots) \tag{15.1}$$

图 15.2　光栅示意图

屏幕上会出现明纹,即光栅衍射主极大,k 称为主极大级数,故此式也称为光栅方程。

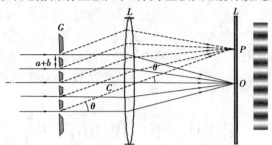

图 15.3　光栅衍射原理示意图

一般常用的光栅是在玻璃片上刻出大量平行刻痕制成,刻痕为不透光部分,两刻痕之间的光滑部分可以透光,相当于一狭缝。精制的光栅,在 1 cm 宽度内刻有几千条乃至上万条刻痕。这种利用透射光衍射的光栅称为透射光栅,还有利用两刻痕间的反射光衍射的光栅,如在镀有金属层的表面上刻出许多平行刻痕,两刻痕间的光滑金属面可以反射光,这种光栅成为反射光栅。

2) 驻波

驻波是一种特殊的干涉现象,当入射波和反射波满足频率相同、振动方向相同、振幅相同、相位差恒定、传播方向相反的两列波发生干涉的时候会形成驻波。

假设入射波与反射波分别为

$$y_1 = A \sin\left(\frac{t}{T} - \frac{x}{\lambda_S}\right) \tag{15.2}$$

$$y_2 = A \sin\left(\frac{t}{T} + \frac{x}{\lambda_S}\right) \tag{15.3}$$

则两列波叠加时形成的驻波方程为:

$$y = y_1 + y_2 = 2A \cos 2\pi \frac{x}{\lambda_S} \sin 2\pi \frac{t}{T} \tag{15.4}$$

由此方程可知驻波的一些特征:

①驻波中每个点的振幅不同,有些点的振幅始终最大,称为波腹,有些点的振幅始终为零,称为波节;

②波腹与波节等间距排列,相邻波腹(波节)的间距为 $\lambda_S/2$,驻波的波长与入射波的波长相等;

③与行波不同的是,驻波不会向前传播,而是停在原地振动。

3)超声光栅

声波是一种纵波,纵波的特点是介质的振动方向与波的传播方向相同,因此其在液体和气体介质中传播时会使介质分子的密度产生周期性变化,促使液体的折射率也产生相应的周期性变化,形成疏密波。此时如有平行单色光沿垂直超声波方向通过疏密相间的介质,并且介质的密度周期与单色光的波长可比拟时,就会发生衍射现象,这一作用类似于光栅,因此称为超声光栅。行波形成的超声光栅,栅面在空间随时间移动。

如果在超声波传播的前进垂直方向上设置一个平面反射,入射波就会被反射,沿着相反方向传播。在一定条件下入射波与反射波就满足驻波的形成条件,从而会叠加形成稳定的驻波。由于驻波的最大振幅可达到入射波的两倍,加剧了波源和反射面之间的疏密程度,如图15.4所示。某时刻,驻波的任一波节两边的质点都会涌向这一点,使该节点附近形成密集区,而相邻波节处为质点稀疏处;半个周期后,这个节点附近的质点向两边散开形成稀疏区,而相邻波节处变为密集区。

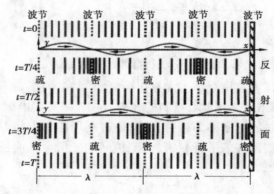

图15.4 超声驻波在水中产生的水的密度分布

由于液体的折射率与密度直接有关,因此,液体密度的周期变化必然会导致其折射率也呈周期性变化。在这些驻波中,稀疏区使液体的折射率减小,而压缩作用使液体折射率增加,在距离等于波长 λ_S 的两点,液体的密度相同,折射率也相等,如图15.5所示。布里渊认为,一个受超声波扰动的液体很像一个左右摆动的平面透射光栅,它的密部就相当于平面光栅上的刻痕,不易透光;疏部就相当于平面光栅上相邻两刻痕之间的透光部分,它就是一个液体光栅,或称超声光栅。

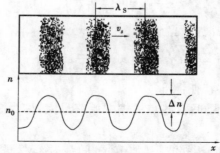

图15.5 超声驻波在水中产生的密度和折射率分布

根据驻波方程,可以很容易得到液体中折射率在空间的分布,如图 15.6 所示,n_0 表示不存在超声场时该液体的折射率。由图可知,密度和折射率两者都是周期性变化的,且具有相同的周期,相应的波长正是超声波的波长 λ_S,折射率方程为:

$$n(x,t) = n_0 + 2\Delta n \cos 2\pi \frac{x}{\lambda_S} \sin 2\pi \frac{t}{T} \tag{15.5}$$

由方程可知,在某一时刻,x 轴上的折射率呈周期性分布,其相应的波长就是 λ_S,也就是说驻波超声光栅的光栅常数 d 就是超声波的波长 λ_S。由于光速大约是声波的 10^5 倍,在光波通过的时间内介质在空间上的周期变化可看成是固定的,而且根据光的衍射理论,平面光栅的左右摆动对衍射条纹的位置不会有任何影响,因为各级明条纹的位置完全由光栅方程描述,而不是由光栅位置确定。因此当平行光沿着垂直于超声波传播方向通过受超声波扰动的液体时,必将发生衍射,并且可以通过测量衍射条纹的位置来确定超声波波长 λ_S。

$$d \sin \theta = \lambda_S \sin \theta = \pm m\lambda, (m = 0,1,2,3,\cdots) \tag{15.6}$$

式中 m——衍射明条纹的级次;

θ——m 级条纹的衍射角;

λ——入射光的波长;

λ_S——超声波波长。

4) 超声光栅对入射光的衍射作用

如图 15.6 所示,当一束单色光垂直入射到超声光栅上时,出射光即为衍射光,衍射明条纹对应的衍射角位置由衍射方程超声光栅方程确定。当衍射角 θ 很小,有:

$$\theta_m \approx \sin \theta_m \approx \tan \theta_m = \frac{x_m/2}{L}, \quad (m = 1,2,3,\cdots) \tag{15.7}$$

式中 x_m——$\pm m$ 级明条纹之间的距离;

L——超声光栅与屏幕间的距离。

结合超声光栅的光栅方程,可知:

$$\lambda_S = \frac{m\lambda}{\sin \theta} = \frac{2\lambda L}{\dfrac{x_m}{m}} \tag{15.8}$$

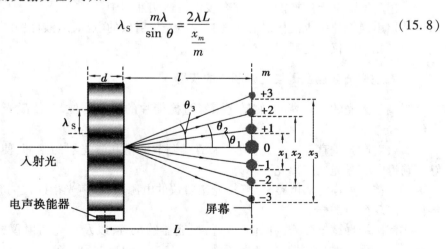

图 15.6   声光衍射原理示意图

如果从声光衍射仪中读出超声波的频率 f_S ,则很容易就可以得出超声波在液体中的传播速度：

$$v_S = \lambda_S \cdot f_S = \frac{2\lambda L f_S}{\dfrac{x_m}{m}} \tag{15.9}$$

（3）操作要点

1）声光衍射的光路安排

声光衍射实验设备排布如图 15.7 所示。

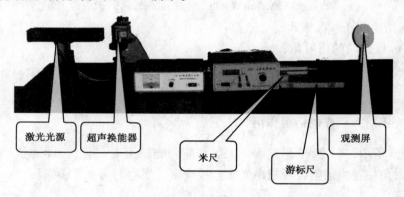

图 15.7　声光衍射实验设备排布

光路及装置安排可参考图 15.7。在水槽中装入适量的透明液体（水、酒精等），尽量使液槽器壁上附着的气泡少，放入超声换能器，并打开激光电源。

注意：

①超声换能器上的换能片要完全浸没在透明液体中。

②超声换能片浸入液体之后才能打开声光衍射仪的电源，从液体中拿出换能片之前必须先关掉声光衍射仪的电源。

2）系统调节要点及最佳衍射图样的获得

①调节激光的入射高度，使激光束穿过换能片的中间部位，并使激光束到换能片的距离大约 1 cm。

②入射激光垂直超声光栅（或者水槽）：调节液槽和激光器的俯仰，使水槽反射的激光能够原路返回到激光器的出光孔。

③连接超声换能器电路，打开声光衍射仪的电源，调节声光衍射仪的频率调节旋钮，直到屏幕上出现衍射图样。

④依次缓慢调节液槽的俯仰、位置，换能器的位置，以及声光衍射仪的频率调节旋钮，直到屏幕上出现衍射级次最多、光强度最大并且左右对称的衍射光斑。

注意：最少要能够看到 0，±1，±2，±3 级衍射光斑。

⑤在固定于屏幕上的白纸上描出 ±1，±2，±3 级衍射光斑同侧的边缘位置。

(4)数据记录及处理

1)本次实验的数据中需要测量或记录的物理量

①水槽的厚度 d（卷尺测量）。
②水槽右侧到屏幕的距离 l（卷尺测量）。
③声光衍射仪显示的超声波的频率 f_S（直接读数）。
④激光的波长 λ（从激光器上直接读数）。
⑤ ±1，±2，±3 级衍射光斑的间距 x_1,x_2,x_3。
⑥液体的温度。

2)本次试验数据处理

超声光栅到屏幕的距离：
$$L = l + \frac{d}{2}$$

$$\frac{\overline{x_m}}{m} = \frac{1}{3}\left(\frac{x_1}{1} + \frac{x_2}{2} + \frac{x_3}{3}\right) \tag{15.10}$$

带入公式可得超声波速度：

$$v_S = \lambda_S \cdot f_S = \frac{2\lambda L f_S}{\left(\frac{\overline{x_m}}{m}\right)} \tag{15.11}$$

(5)例题

例题　利用如图 15.8 所示的光路,用游标卡尺测得超声光栅的 ±1 级频谱点的间距为 $X_1 = 8.84$ mm， ±2 级频谱点的间距为 $X_2 = 17.86$ mm， ±3 级频谱点的间距为 $X_3 = 26.60$ mm,又用米尺测得 $l = 945.0$ mm,已知激光波长为 6.328×10^{-4} mm,用公式 $\lambda_S \sin\theta_m = \pm m\lambda$,求超声波的波长。

$$\frac{\overline{X_m}}{m} = \frac{1}{3}\left(\frac{X_1}{1} + \frac{X_2}{2} + \frac{X_3}{3}\right) = \frac{1}{3}\left(\frac{8.84}{1} + \frac{17.86}{2} + \frac{26.60}{3}\right)\text{mm} = 8.88\text{ mm}$$

解　因 θ_m 很小,故

$$\sin\theta_m \approx \frac{\frac{X_m}{2}}{l} = \frac{X_m}{2l}$$

$$\lambda_S = \frac{2l\lambda}{\left(\dfrac{\overline{X_m}}{m}\right)} = \frac{2 \times 945.0 \times 6.328 \times 10^{-4}}{8.88} mm = 1.35 \times 10^{-1} mm$$

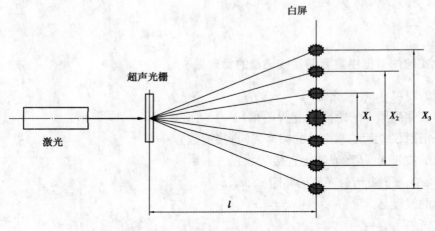

图 15.8　超声光栅衍射原理示意图

（6）思考题

①为什么超声驻波形成的超声光栅的光栅常数为超声波波长？

②在实际应用中，超声波传播速度的测量有什么意义？

③驻波波节之间距离为半个波长，为什么超声光栅的光栅常数等于超声波的波长？

④光学平面光栅和超声光栅有何异同？

⑤随着温度的增加，超声波的传播速度会怎么变化？

⑥能不能直接测量不同级数的衍射角？需要什么仪器？

（7）习题

1）填空题

①声波的传播必须要通过_____才能实现，而_____波传播则不需要。

②声波在气体、液体中传播时，只能以_____形式传播，在固体中传播时还可以_____、_____等形式传播。

③声波在液体介质中传播时，沿声波_____的方向，液体密度会呈现出_____相间的周期性变化，其波长与超声波波长_____。

④当光波垂直通过存在声波的液体时，相当于通过一个_____，并产生光的_____现象，这种现象称为_____。

148

⑤存在着超声波场的介质具有光栅衍射的特性,可以称为_____。

⑥液体介质中的超声光栅可以是_____形式,也可以是_____形式。

⑦行波形式的超声光栅,其栅面的空间位置是随_____移动的。

⑧驻波形式的超声光栅,其栅面在空间可认为是_____的。

⑨超声光栅形成各级衍射的条件是_____。

⑩有多级衍射的声光衍射现象称为_____衍射,只有当超声波频率_____,入射角_____时才能产生这种衍射。

⑪只有零级及 ±1 级衍射的声光衍射称为_____衍射,这种情况只发生在超声波频率_____,且光束_____入射时才能发生。

⑫当测出超声波的波长 λ_s,超声波的频率 f_s 时,则超声波在该液体中的传播速度_____。

⑬实验中采用压电材料的_____效应产生超声波,并在液槽中产生超声_____场,形成超声光栅。

⑭压电材料在交变电场作用下产生超声振动,当_____的频率达到换能器的_____时,此时超声振幅达到极大值。

⑮声光衍射实验中,调节光路时,激光束应与液槽入射面尽量_____。

⑯液槽内形成良好的驻波超声光栅时,压电陶瓷片与反射面应_____。

2) 选择题

①当声波的频率超过_____Hz 时,被称为超声波。

    A. 20　　　　　　　　B. 200　　　　　　　　C. 2 000　　　　　　　　D. 20 000

②声波的传播速度与_____有关。

    A. 介质　　　　　　　B. 频率　　　　　　　C. 温度

③声波在气体、液体介质中传播时的存在形式是_____。

    A. 横波　　　　　　　B. 纵波和横波　　　　　C. 纵波

④超声驻波的特征有:_____。

    A. 各点振幅不同,呈周期变化

    B. 各点振幅相同,不呈周期变化

    C. 波长为原声波波长,它不随时间变化

    D. 波长有时为原声波波长,它随时间变化

    E. 位相随时间变化,不随空间变化

⑤驻波超声光栅的光栅常数是_____。

    A. 超声波的半波长　　　B. 超声波的波长　　　　C. 超声波的 2 倍波长

⑥实验中需要调节_____,方能使衍射图样左右对称、光斑最多、亮度最大。

    A. 液槽的方位　　　　　B. 液槽的俯仰　　　　　C. 液体的温度

    D. 声光衍射仪的频率　　E. 换能器的位置

(8)参考答案

1)填空题

①介质,电磁(光)

②纵波,横波,表面波

③传播(前进),疏密,相同

④光栅,衍射,声光射衍

⑤超声光栅

⑥行波,驻波

⑦时间

⑧固定

⑨$\lambda_s \sin\theta_m = \pm m\lambda$ （$m = 0,1,2,\cdots$）

⑩喇曼-奈斯,较低,较小

⑪布喇格,较高,以一定的角度

⑫$V_S = \lambda_S \cdot f_S$

⑬逆压电,驻波

⑭交变电压,固有频率

⑮垂直

⑯平行

2)选择题

①D ②AC ③C ④ACE ⑤B ⑥ABDE

附:[仪器介绍]

①超声换能器。超声换能器(图15.9)是超声光栅的一个重要元件,通常采用压电陶瓷片来制作换能器,压电陶瓷可以用钛酸钡 BT、锆钛酸铅 PZT、改性锆钛酸铅、偏铌酸铅、铌酸铅钡锂 PBLN、改性钛酸铅 PT 等材料。陶瓷片的形状可以是圆形,也可以是矩形。换能器通常工作在谐振频率上,这时振动幅度最大,发射的超声波最强,故设计时要考虑到换能器谐振频率是否与实验要求的频率相符合,并且要与高频信号发生器产生的高频信号频率相匹配。压电陶瓷片可以直接粘贴在基板上,称为钢性背衬,也可制成空气背衬,即在换能器的后背做一个空气的空腔,以减小换能器振动时的阻力,空气背衬在转换高频电压为超声波时的效率更高一些。换能器的连接导线焊接接时,焊点要尽量小,以免影响换能器的谐振频率。换能器要安装在一个支架上面,放在液槽上后,要能够调节换能器发射面与反射面的平行度和距离,以满足形成超声驻波的条件。

图 15.9 超声换能器

②液槽。液槽的作用不仅是液体的容器,在形成超声驻波时,液槽的内表面是超声波的一个反射面,反射能力要强,因此,内表面必须光滑。在做声光衍射实验时,在垂直于超声波传播的方向上有光线照射通过,因此,在这个方向上必须有透明的地方。早期的液槽多用金属腔体粘贴玻璃片的方式,加工较为复杂,现在大多采用玻璃片粘贴成的液槽,如图15.10所示。玻璃片要选择质量较好的平板玻璃或光学玻璃,玻璃片的厚度要均匀,尺寸要准确,四周要在磨床上精密加工。粘接时要用专门的夹具固定,以保证玻璃片的互相平行和垂直。平行度不好的液槽,在衍射时会产生多余的衍射光斑。如果反射面与换能器发射面不平行,则不能形成超声驻波。所以,玻璃液槽的4个周边,对边要互相平行,相邻边要互相垂直,并且与底面要垂直,形位公差要达到6到7级精度。如果要做不同温度下的声光衍射实验,还要求液槽能够承受较高的温度,因此,玻璃的粘接剂要采用能够承受高温并且耐水的粘接剂,比如紫外光固化的厌氧胶等。

图15.10　超声换能器与液槽

16 弗兰克-赫兹实验

Franck-Hertz experiment

（1）实验背景

1914 年，弗兰克（James Franck，1882—1964）和赫兹（Gustar Hertz，1887—1975）在研究中发现电子与原子发生非弹性碰撞时能量的转移是量子化的。他们的精确测定表明，电子与汞原子碰撞时，电子损失的能量严格地保持 $4.9eV$，即汞原子只接收 $4.9eV$ 的能量。这个事实直接证明了汞原子具有玻尔所设想的那种"完全确定的、互相分立的能量状态"，是对玻尔的原子量子化模型的第一个决定性的证据，为玻尔的原子理论提供了有力的支撑。由于他们的工作对原子物理学的发展起了重要作用，故共同获得 1925 年的诺贝尔物理学奖。

（2）重点、难点

1）玻尔量子理论

丹麦物理学家玻尔（Niels Bohr）第一个将量子概念应用于原子现象的理论。1911 年卢瑟福在研究原子结构时，提出了行星模型，但这一模型与经典物理理论之间存在着尖锐矛盾：

①原子将不断辐射能量而不可能稳定存在；

②原子发射连续光谱，而不是实际实验观察到的分立的谱线。卢瑟福的学生玻尔着眼于原子的稳定性，在吸取了普朗克和爱因斯坦的量子概念的基础上，于 1913 年考虑氢原子中电子圆形轨道运动，提出原子结构的量子化理论。

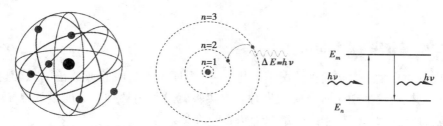

图 16.1 卢瑟福原子模型和玻尔氢原子模型　　图 16.2 波尔氢原子理论跃迁法则

玻尔的量子理论有 3 个基本假设,如下所述:

①定态假设。原子只能处于一系列不连续的能量的状态中,在这些状态中原子是稳定的,不会发射和吸收能量,这些状态称为定态。原子的不同能量状态与电子沿不同的圆形轨道绕核运动相对应,原子的能级是不连续的,因此电子能级对应的轨道分布也是不连续的,电子在这些可能的轨道上的运动是一种驻波形式的振动。

②跃迁假设。原子系统从一个定态(能级)跃迁到另一个定态(能级)的时候,伴随着光辐射量子的发射或吸收。辐射或吸收的光子的能量(或频率)由这两种定态的能量差来决定,即

$$\Delta E = h\nu = E_m - E_n \qquad (16.1)$$

式中　$h = 6.63 \times 10^{-34} \text{J} \cdot \text{s}$ 为普朗克常量;

　　　ν——吸收或发射的光的频率。

③轨道角动量量子化。

电子绕核运动,其轨道半径不是任意的,只有电子在轨道上的角动量满足下列条件的轨道才是可能的:

$$mvr = n\frac{h}{2\pi}(n = 1,2,3,\cdots) \qquad (16.2)$$

式中　n——正整数,称为量子数;

　　　m——电子质量;

　　　r——电子轨道半径。

尽管玻尔首先提出了原子结构的量子化概念,开创了揭示微观世界基本特征的前景,为量子理论体系奠定了坚实的基础,但是玻尔理论也有其局限性:一方面,它在解决核外电子的运动时引入了量子化的观念;另一方面同时又应用了"轨道"等经典概念和有关向心力、牛顿第二定律等牛顿力学的规律;实际上牛顿力学在微观领域是不适用的。因此,除了氢光谱之外,玻尔理论在其他问题上遇到了很大的困难,所以只能称为"半经典半量子理论"。直到 20 世纪 20 年代诞生了量子力学,以全新的观念阐明了微观世界的基本规律,在涉及微观运动的各个领域都获得了巨大的成功。在量子力学中,玻尔理论中的电子"轨道"只不过是电子出现机会最多(概率最大)的地方。

图 16.3 电子云

2）弗兰克-赫兹实验理论依据

原子状态的改变通常在两种情况下发生：一是当原子本身吸收或放出电磁辐射时；二是当原子与其他粒子发生碰撞而交换能量时。本实验就是利用具有一定能量的电子与基态氩原子相碰撞而发生能量交换来实现氩原子状态的改变。

当原子与一定能量的电子发生碰撞可以使原子从低能级跃迁到高能级（激发）。如果是基态和第一激发态之间的跃迁，则有：

$$eV_1 = \frac{1}{2}m_e V^2 = E_1 - E_2 \tag{16.3}$$

电子与原子的相互作用通常有亲和、弹性碰撞与非弹性碰撞几种形式，亲和即指电子进入原子的作用势区、被原子捕获而形成负离子，但这种现象一般出现在亲和势较大的负性原子，如氧、氯等，对汞或其他金属、惰性气体等电正性的原子，这种现象一般不会出现。

初速度为 0 的电子通过电位差为 V 的加速电场，则获得的动能为 eV，与稀薄气体的原子（如汞或氩原子）发生碰撞时，会发生 3 种情况，如下所述。

①当加速电压很小的时候，电子运动速度低，获得的动能也低，与原子的碰撞是弹性碰撞，原子内部的能量不发生变化。相当于一个乒乓球与桌子的碰撞，会看到乒乓球速度大小不变，没有动能损失。

②随着电子所受加速电压的增加，电子获得的动能也会增加，当增加到一定的临界值时，会能发生非弹性碰撞，即电子的动能可以完全被原子吸收，使原子内部的能量产生一个突然的跃变，原子的能量的增量等于电子损失的能量。电子的动能则变成 0。若以 E_0 代表原子基态的能量，以 E_1 代表原子第一激发态的能量，则第一激发能为：

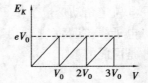

图 16.4　电子能量与电压关系

$$eV_0 = E_1 - E_0 = h\frac{c}{\lambda} \tag{16.4}$$

即碰撞后原子会从基态跃迁到第一激发态，这时的 V_0 称为该原子的第一激发电位，λ 为原子从第一激发电位向基态跃迁时发射出的电磁波频率。

③当加速电压继续增加，使 $eV_0 > E_1 - E_0$，电子和原子仍发生弹性碰撞，但与第一种弹性碰撞不同的是，原子吸收的能量仍是 $E_1 - E_0$，碰撞后电子还具有部分动能 $E = eV_0 - (E_1 - E_0)$。当加速电位差加大到 $eV_0 = 2(E_1 - E_0)$ 时，情况又和②相同，电子在和原子的第二次碰撞中将能量全部交给原子，其余类推。

3）弗兰克-赫兹实验测量原理

弗兰克-赫兹实验装置最核心的部件是弗兰克-赫兹管，根据实验需要，里面可充入汞或者惰性气体氩，测量汞的第一激发能级需要对弗兰克-赫兹管进行加热，以使汞由液态变为气态，对温度的控制要求比较高；而充入氩气的弗兰克-赫兹管不需要加热，而且安全无污染，现以充入氩气的弗兰克-赫兹管为例。

弗兰克-赫兹管结构示意图如图 16.5 所示,里面主要有 4 个电压。

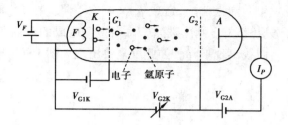

图 16.5　弗兰克-赫兹实验原理图

灯丝电压 V_F 的作用是使灯丝通电加热阴极 K 发出慢电子(旁热式)。

第一栅极 G_1 的作用主要是消除空间电荷对阴极电子发射的影响,提高发射效率;其与阴极 K 之间的电压由电源 V_{G1K} 提供,此电压是可调电压。$G_1 \sim G_2$ 为加速区、碰撞区。

第二栅极 G_2 的作用是在 G_2 和阴极 K 间,建立一个加速场 V_{G2K},使得从阴极发出的电子被加速,穿过管内氩蒸气朝栅极 G_2 运动。

极板 A 与第二栅极 G_2 之间有一个反向拒斥场 V_{G2A},其作用是使到达 G_2 时能量($\geqslant eV_{G2A}$)足以克服反向拒斥电压的电子才能到达极板 A 从而形成电流,这样就能区别碰撞与未碰撞电子,因为发生非弹性碰撞的电子无法克服 V_{G2A} 的作用穿过 G_2 到达 A 极。

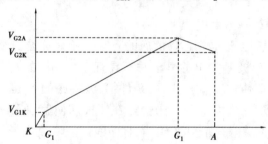

图 16.6　弗兰克-赫兹管中的电位分布图

弗兰克-赫兹管中的电压分布如图 16.6 所示,电子由热阴极 F 发射,经电场 V_{G1K} 加速趋向阳极,只要电子能量达到可以克服减速电场 V_{G2A} 就能穿越栅极 G_2 到达极 A 形成电流 I_P。电子在前进途中要与原子发生碰撞。如果电子动能小于第一激发能 eV_0,碰撞是弹性的,电子基本不会损失能量,能如期到达阳极 A 形成电流;如果电子能量达到或超过 eV_0,电子将与原子发生非弹性碰撞,电子把能量 eV_0 全部传给氩原子,并且使氩原子从基态激发到第一激发态。如果此碰撞发生在栅极 G_2 附近,电子本身由于能量全部交给了氩原子,即使穿过了栅极 G_2 也不能克服拒斥电场 V_{G2A} 到达 A 极。

实验时,观察电流计的电流 I_P 随 V_{G2K} 逐渐增加时的现象。如果原子能级确实存在的话,且基态与第一激发态有确定的能量差,就能观察到如图 16.7 所示的 I_P-V_{G2K} 曲线。起始阶段由于电压较低,电子的能量较少,穿过栅极 G_2 的电子所形成的电流 I_P 开始时将随 V_{G2K} 的增加而变大。如果加速到栅极 G_2 的电子获得等于或大于 eV_0 的能量,就会出现非弹性碰撞,则发生 I_P 的第一次下降。随着 V_{G2K} 的增加,电子与原子发生非弹性碰撞的区域向阴极 K 方向移动,经碰撞损失能量的电子在趋向阳极途中又得到加速,开始有足够的能量克服 V_{G2A} 减速电压到达 A 极，I_P 又开始增加。而如果 V_{G2K} 的增加使那些经过非弹性碰撞的电子能量又达到 eV_0，则电子又将与原子发生非弹性碰撞，造成 I_P 又一次下降。在 V_{G2K} 较高的情况下，电子在趋向阳极途中将与原子发生多次非弹性碰撞。每当 V_{G2K} 造成的最后一次非弹性碰撞区落在 G_2 栅附近，就会使 I_P-V_{G2K} 曲线出现下降。如此反复将出现如图 16.7 所示的曲线。

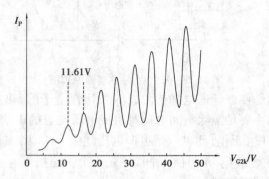

图 16.7　弗兰克-赫兹实验得到的 I_P-V_{G2K} 曲线

总之，凡是满足 $V_{G2K} = nV_0$ 的地方，极板电流都会出现下降，从而使 I_P-V_{G2K} 曲线呈线性有规律起伏变化，每一个峰值代表了此时电子的动能正好等于第一激发能，电子能量被氩原子完全吸收跃迁到第一激发态，电子剩余的能量为 0。每两个相邻阳极电流 I_P 峰值所对应的 V_{G2K} 之差都等于汞原子的第一激发电位 V_0。

由实验曲线可知，阳极电流 I_P 到达峰值后的下降并不是完全突变的，波峰部会有一定的宽度，这主要是由于从热阴极 F 发出的电子并不具有完全相同的初始能量，其能量服从一定的统计分布规律。同时，即使在 $V_{G2K} = nV_0$ 的条件下，波谷底的 I_P 也不会等于零，这是由于电子与原子碰撞有一定的概率，当大部分电子恰好在栅极前使氩原子激发而损失能量时，总会有一些电子未经碰撞而穿过栅极到达阳极。而且曲线第一峰值位置与第一激发电位有偏差，这是因为弗兰克-赫兹管阴极和栅极往往是用不同金属材料制作，会产生接触电势差。真正加在电子上的加速电压不等于 V_{G2K}，而是 V_{G2K} 与接触电势差的代数和，这将影响实验曲线第一峰的位置。

（3）操作要点

1）电路连接以及初始设置

①本实验的重点是电路的连接，参考实验原理部分的弗兰克-赫兹管的结构图，很容易就可以得到装置的连接方法，弗兰克-赫兹实验仪面板连线方式如图 16.8 所示。

注意：连线之前不能打开电源；面板接插线必须反复检查，切勿连错。连接好后请实验指导老师检查之后才能打开实验仪电源。

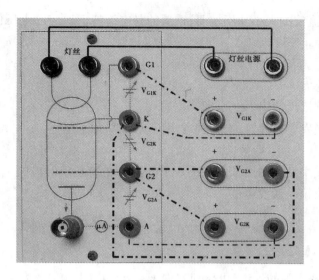

图 16.8　弗兰克-赫兹实验仪面板连线示意图

②因为弗兰克-赫兹管很容易因为电压设置不合理而遭到损坏,所以一定要按照各自机箱上盖的参数来设置各自的 V_{G1K}、V_{G2K}、V_{G2A} 值。

2)测量氩原子的第一激发电位

①正确连接线路后打开电源,预热 3 ~ 5 min;

②正确设置 V_{G1K}、V_{G2K}、V_{G2A} 电压值,工作方式选"手动"。

③粗测 0 ~ 80 V 间 I_P 随 V_{G2K} 增加时的起伏变化。可以让 V_{G2K} 每次增加 1 V,看整个过程中 I_P 会不会出现溢出现象;如果溢出,可适当将拒斥电压 V_{G2A} 调小,或者找实验指导老师协助调整仪器初设参数。

④按下面板上的"V_{G2K}"键,手动测试开始,用"电压调整按键"从 0.0 V 开始,按每步 0.5 V 的电压增幅调节加速电压 V_{G2K},并记录下板极电流 I_P 的值和对应的 V_{G2K} 的值。同时也可在数据记录的同时注意电流变小时对应的电压值;要求至少记录 6 个电流峰值。

注意:V_{G2K} 的范围为 0 ~ 80 V,如果到 80 V 时还没有观察到第 6 个电流峰值,可以继续增加电压测量。

V_{G2K} 的值必须从小到大单向调节,不可在过程中反复。如果某个电压值没有测到对应的电流,必须从零开始测量。

(4)数据记录及处理

1)数据记录

实验中只需要记录下 V_{G2K} 从 0 ~ 80 V 每 0.5 V 对应电流 I_P 的数值;并在数据记录时标出电流峰值对应的电压。

注意,实验中电流值的大小并不重要,重要的是电流峰值对应的电压值,所以每台仪器测出的电流值不一样。

2) 数据处理

① 根据记录下的数据作出 $I_P\text{-}V_{G2K}$ 曲线。

② 氩气的第一激发电位计算,有两种方法可以计算,如下所述。

A. 逐差法。

a. 在 $I_P\text{-}V_{G2K}$ 曲线中从左向右依次找出 6 个电流 I_P 的峰值所对应的 V_{G2K} 值 $V_1,V_2,\cdots V_6$。

b. 用逐差法算出第一激发电位:

$$V_0 = \frac{(V_4 - V_1) + (V_5 - V_2)(V_6 - V_3)}{3 \times 3} \tag{16.5}$$

B. 作图法。

根据弗兰克-赫兹实验的理论,可得到方程 $V_{G2K} = nV_0 + V_0'$,(V_0' 为常数,是由于第一峰值位置的电压值与第一激发电位间的偏差产生的)。从此方程中,可知 V_{G2K} 与峰值序号 n 成正比关系。

以峰值序号 $1,2,3\cdots,6$ 为自变量,对应的峰值处电压 $V_1,V_2,\cdots,V_6$ 为应变量,对方程 $V_{G2K} = nV_0 + V_0'$ 进行直线拟合,并求出斜率,即为 V_0。

③ 计算氩原子第一激发电位的相对误差(理论值 $V_0 = 11.61$ V)。

④ 计算出氩原子从第一激发电位向基态跃迁时发出的电磁波频率,并求出相对误差。

(5) 例题

例题 1 弗兰克-赫兹用_____与_____碰撞的方法,观察、研究碰撞前后电子速度的变化情况,且用实验的方法测定了_____的第一激发电位,证明了原子内部_____的存在。

慢电子;稀薄气体的原子;

解析 实验中的碰撞使原子在基态和第一激发态之间发生跃迁,电子的能量不能过高,因此实验用慢电子;稀薄气体的原子使电子与原子的碰撞只有一定的概率,这样 $I_P\text{-}V_{G2K}$ 曲线的峰谷表现才可能明显。

汞原子;量子化能级。

解析 参考实验重点 2 的解释和实验背景。

例题 2 在弗兰克-赫兹实验中,随着阴极与栅极间的电压 V_{GC2K} 的逐渐增大,电子和氩原子交替做_____和_____,使得板极电流 $I_P\text{-}V_{GC2K}$ 曲线呈_____变化,测得曲线中_____,即可得到氩原子的第一激发电位。

弹性碰撞;非弹性碰撞;峰谷周期性;相邻两波峰对应的电压差值。

解析 参考实验难点 1 的解释。

（6）思考题

①什么是能级？玻尔的能级跃迁理论是如何描述的？

②什么是原子的第一激发电位？其原子能级有什么关系？

③为什么 I_P-V_{G2K} 曲线上的各谷点电流随 V_{G2K} 的增大而增大？

④在 I_P-V_{G2K} 曲线上，为什么对应板极电流 I_P 第一个峰的加速电压 V_{G2K} 不等于 11.61 V？

⑤如何利用该套实验设备测出氩原子的电离电势？

⑥实验中能否用氢气代替氩气，为什么？

⑦为什么实验中电流峰值后 I_P 的下降不是陡然的？

附：[仪器介绍]

弗兰克-赫兹实验仪

弗兰克-赫兹实验仪面板示意图如图 16.9 所示。

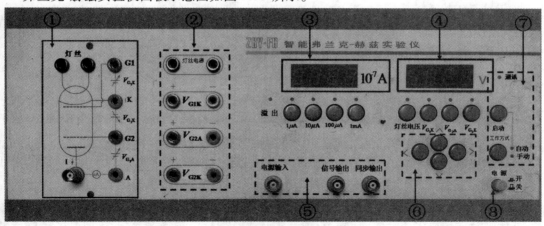

图 16.9 弗兰克-赫兹实验仪面板示意图

区①是弗兰克-赫兹管各输入电压连接插孔和板极电流输出插座。

区②是弗兰克-赫兹管所需激励电压的输出连接插孔，其中左侧输出孔为正极，右侧为负极。

区③是测试电流指示区，如图 16.10(a)所示。

区④是测试电压指示区，如图 16.10(b)所示。

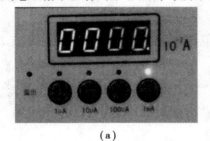 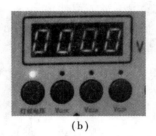

（a）   （b）

图 16.10 电流指示区和电压控制按钮与指示区

区⑤是测试信号输入输出区。

a. 电流输入插座输入弗兰克-赫兹管板极电流。

b. 信号输出和同步输出插座可将信号送示波器显示。

区⑥是调整按键区(图 16.11),用于:

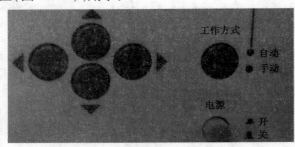

图 16.11　调整按键区

①改变当前电压源电压设定值。

②设置查询电压点。

区⑦是工作状态指示区:

①通信指示灯指示实验仪与计算机的通信状态。

②启动按键与工作方式按键,共同完成多种操作,详细说明见相关内容。

区⑧是电源开关。

基本操作:

①变换电流量程。如果想变换电流量程,则按下在区③中的相应电流量程按键,对应的量程指示灯点亮,同时电流指示的小数点位置随之改变,表明量程已变换。

②变换电压。如果想变换不同的电压,则按下在区④中的相应电压源按键,对应的电压源指示灯随之点亮,表明电压源变换选择已完成,可对选择的电压源进行电压值设定和修改。

③修改电压值

a. 按下前面板区⑥上的←/→键,当前电压的修改位将进行循环移动,同时闪动位随之改变,以提示目前修改的电压位置。

b. 按下面板上的↑/↓键,电压值在当前修改位递增/递减一个增量单位。

注意:

①如果当前电压值加上一个单位电压值的和值超过了允许输出的最大电压值,再按下↑键,电压值只能修改为最大电压值。

②如果当前电压值减去一个单位电压值的差值小于零,再按下↓键,电压值只能修改为零。

③不同的电压源的一个单位电压值不一样,要提前了解清楚后再开始测量。

（7）习题

1）填空题

①弗兰克-赫兹实验装置原理如图 16.5 所示。图中有 4 个电场，其中 V_F 的作用是_____，在板极与栅极间加有 V_{G2A}，只要电子的能量足够_____而到达板极 A，则形成电子流 I_P，由微电流计显示。

②I_P-V_{G2K} 曲线呈峰谷周期性变化是因为随着电子能量变大，电子和汞原子交替做_____和_____，波峰代表_____，电子损失能量少，电流就大。

③I_P-V_{G2K} 曲线如图 16.12 所示，从图中可知汞原子的第一激发电位为_____，汞原子激发后在光谱仪中可以看到汞原子波长为_____的谱线。

④在本学期所做的弗兰克-赫兹实验中，所测的是____
____元素的第一激发电位。

⑤弗兰克-赫兹实验验证_____的存在，要使原子受激到激发态，原子必须吸收一定量值的能量，而这些能量是_____的。

⑥弗兰克-赫兹实验中一般来说，温度越高，热阴极发射的电子的_____，与被激发原子的碰撞概率_____
__，到达极板的电子_____，形成的板极电流_____。

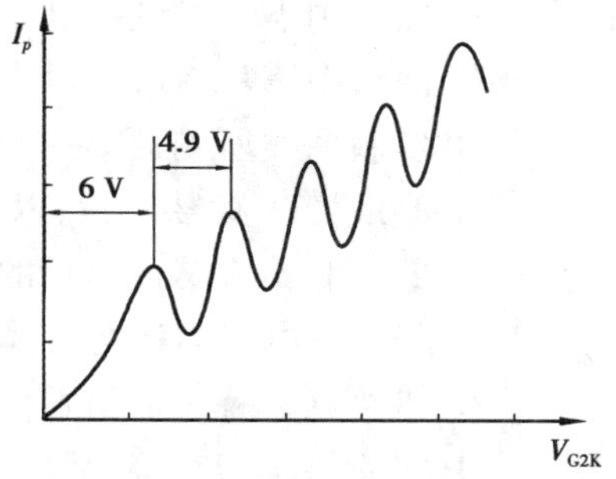

⑦以板极电流 I_P 为纵坐标，弗兰克-赫兹管的栅极电压为横坐标作图得 I_P-V_{G2K} 曲线，则温度升高，曲线整体_____，但对所测的第一激发电势值_____。

图 16.12

⑧在弗兰克-赫兹实验中，温度影响电子与汞原子碰撞_____的变化；温度的大小决定汞原子低能级或高能级的激发，温度较高，_____短，激发汞原子较低能级的_____，反之，电子有可能去激发汞原子_____。

⑨在弗兰克-赫兹实验中，当电子的能量等于或大于氩原子的_____时，电子的能量全部或大部分传递给氩原子，则电子的能量就急剧减小，以至不能克服拒斥电压的作用，致使到达板极的电子急剧减少，则导致 I_P 急剧降低。在此过程中，电子与原子发生_____。

⑩在弗兰克-赫兹实验中，除了电子和气态原子的_____和_____外，还有气体原子间由于热运动的相互碰撞而引起的能量交换。

⑪I_P-V_{G2K} 曲线相邻两峰间的电位差即是汞原子的_____，则汞原子获得从电子传递来的临界能量值为_____。

⑫处于正常状态的原子，其电子在第一轨道运动，原子的能量最低，即处于最低能级，此状态称为_____。

⑬原子从基态跃迁到较高能量值的能级，此能级的状态称为_____。

⑭原子从基态跃迁到第一激发态时所需能量称为_____。

⑮弗兰克-赫兹实验给_____提供了直接的实验证据,对原子理论的发展起到了重大作用。

⑯在弗兰克-赫兹实验中应该能看到汞原子从第一激发态跃迁回基态时所发出的辐射,若辐射能量为 eU_0,辐射出来的波长为_____。

2)选择题

①关于弗兰克-赫兹实验,以下叙述正确的是(　　)。

A. 原子的状态是通过原子本身吸收或放出电磁辐射而发生改变

B. 原子的状态是通过原子与其他粒子发生碰撞而交换能量

C. 实验测定氩原子的第一激发电位,证明原子能级的存在

D. 氩原子吸收的能量随着电子加速电压的连续增大而增大

②弗兰克-赫兹实验所测的 I_P-V_{G2K} 曲线,以下叙述正确的是(　　)。

A. 相邻两峰间的电位差即是氩原子的第一激发电位

B. 曲线中下降段说明电子与氩原子只发生弹性碰撞

C. 曲线中第一峰值所对应的电压即是氩原子第一激发电位

D. 实验曲线所测的第一激发电位不受温度的影响

③关于弗兰克-赫兹实验,以下叙述正确的是(　　)。

A. 此实验给卢瑟福提出的原子模型理论提供了直接的实验证据

B. 采用慢电子与稀薄气体的原子碰撞的方法进行实验

C. 弗兰克和赫兹采用汞作为被激发物质

D. 实验将难于直接观测的电子与原子碰撞及能量交换的微观过程用宏观量变化反映

(8) 参考答案

1)填空题

①发射出热电子;克服拒斥电压 V_{G2A} 的作用

②弹性碰撞;非弹性碰撞;弹性碰撞

③4.9 V;2.54×10^2 nm

④氩

⑤原子能级;不连续(离散的)

⑥平均动能越大;越大;越少;越小

⑦下移;不影响

⑧平均自由程;平均自由程;几率大;较高能级

⑨临界能量;非弹性碰撞

⑩非弹性碰撞;弹性碰撞

⑪第一激发电位;电子电量乘以第一激发电位

⑫基态

⑬激发态

⑭临界能量

⑮玻尔理论

⑯$\lambda = hc/eU_0$

2）选择题

①BC ②AD ③BCD

17

三用电表的设计、制作与校正

Design, assembling and calibration of a multimeter

(1)实验背景

    微安表用于测量微安级的小电流,分为指针式微安表和数字式微安表。微安表外壳采用表面氧化处理的铝合金型材及板材精细加工而成,光洁度好,精致大方,其上端盖有 φ4 mm 插孔两个,分别为正、负输入端,正极与外壳绝缘,负极与外壳相通,插孔两侧的小螺钉是用来紧固内件并起电气连通作用,使用者不得拧动,以免造成仪表的损坏。如:用于测量直流泄漏电流或电导电流值,可与直流高压发生器配套使用的直流微安表。直流微安表是用于测量高压电器或绝缘材料等被试品的直流耐压和泄漏电流不可缺少测量装置,主要与直流高压发生器和高压试验变压器的直流试验配套使用。直流耐压中泄漏电流测量,是预防性试验规程中的一项重要的试验项目,而传统的指针式微安表在测量直流泄漏电流时,具有读数误差大,抗干扰能力差,抗冲击电流不能保护等缺点。高压数显屏蔽微安表都克服了上述的缺点,具有使用可靠,不怕放电冲击,精度高,数字显示清晰,指示稳定,量程大,过载能力强,可自动转换量程(换挡)。为了防止测试现场的杂散电流窜入表内,该仪表壳材料选用轻质金属壳体,保证仪表有良好的屏蔽。对抗干扰和冲击电流能力强,可替代传统的指针式微安表。

（a）指针式微安表

（b）数字式微安表

图 17.1　微安表

现代生活离不开电,电类和非电类专业的许多学生都有必要掌握一定的用电知识及电工操作技能。由于微安表的量程比较小,在测量大量程的电压、电流时需要对其进行改装。电子与机械是密不可分的,在万用表的组装中还可以了解电子产品的机械结构、机械原理,这对将来的产品设计开发非常有帮助。

(2)重点、难点

1)电流表的改装

表头的准确度等级为 1.0,并联电阻 R,扩大量程 100 μA→15 mA 表头读数。

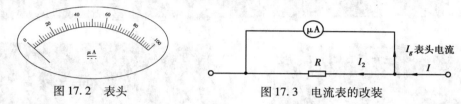

图 17.2   表头

图 17.3   电流表的改装

2)电压表的改装

串联电阻,读电流改为读电压。

图 17.4   电流变得改装

3)15 mA 改装电流表与 15 V 电压表

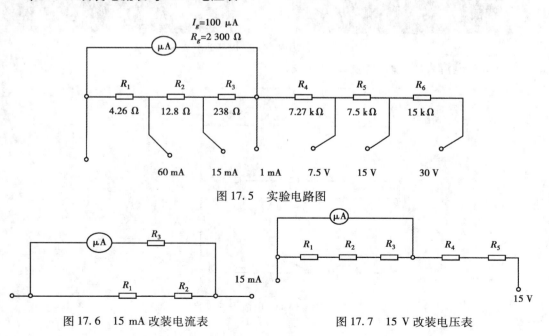

图 17.5   实验电路图

图 17.6   15 mA 改装电流表

图 17.7   15 V 改装电压表

165

4）改装三用表校验电路

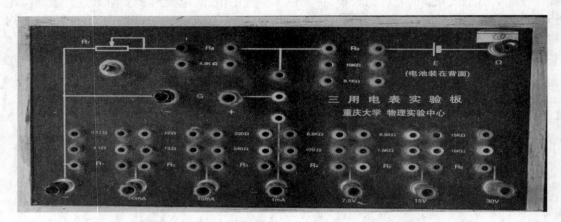

图 17.8　三用电表实验板与标准表

①15 mA 电流表的校验，如图 17.9 所示。

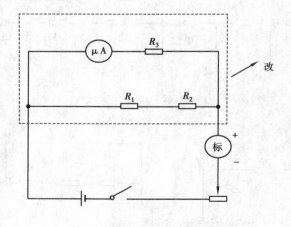

图 17.9　15 mA 电流表的校验

②15 V 电压表的校验,如图 17.10 所示。

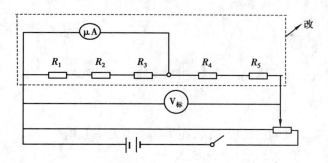

图 17.10　15 V 电压表校验

数据记录。

电流表校正数据记录见表 17.1。

表 17.1　电流表校正数据记录

$I_改$/mA	0.00	3.0	6.0	9.0	12.0	15.0
$I_标$/mA	0.00	2.80				
$\Delta I_{mA}(I_改 - I_标)$/mA	0.00	0.40				

电压表校正数据记录见表 17.2。

表 17.2　电压表校正数据记录

$V_改$/V	0.00	3.00	6.00	9.00	12.00	15.00
$V_标$/V	0.00	4.00				
$\Delta V(V_改 - V_标)$/V	0.00	-1.00				

分别作出电流表和电压表的校正曲线。在此后应用改装表进行测量时,可根据校正曲线对测量的数值加以修正,以得到准确的测量值。电流表和电压表校正曲线如图 17.11、图 17.12所示。

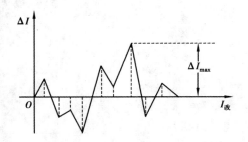

图 17.11　电流表校正曲线

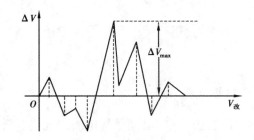

图 17.12　电压表矫正曲线

167

5)计算改装表的准确定度等级

$$K_I = \frac{|\Delta I_{max}|}{I_m} \times 100 + K_S$$

K_S 为标准电流表本身的准确度等级,在本实验中,$K_S = 1.0$。

$$K_V = \frac{|\Delta V_{max}|}{V_m} \times 100 + K_S$$

K_S 为标准电压表本身的准确度等级,在本实验中 $K_S = 1.0$。

K 的系列值:0.1,0.2,0.5,1,1.5,2.5,5.0

取改装表最接近系列值的某个值。

(3)操作要点

①将 100 μA 表头改装成如下规格的三用电表:

直流电流 15 mA　　　直流电压 15 V

参照有关电路,算出 $R_1 \sim R_6$ 的阻值。

②选择符合上述计算值的电阻(一般均能在插线板上找到),若找不到合用的,可用可变电阻(即电位器)调成所需的阻值。

③将各元件及表头引线插到接线板上,连好电路。

④检验直流电路、直流电压挡。检验电路自己设计。校验时,以整数刻度(各个量程都要)校验 5 个点,被校表选整数读数,读出标准表的相应读数。

⑤求组装表(电流、电压各 1 挡)的准确度等级。

(4)习题

1)填空题

①使用电表时必须了解电表的规格。直流电表的主要规格是指_____、_____及_____。

②使用直流电表时要注意电表极性,电压表的_____端接在高电位处,_____端接

在低电位处;电流表的_____端为电流流出,电流表的_____端为电流流入;线路中,电流表应_____联,电压表应_____联。

③作电表的校正图时,两个校准点之间用_____连接,整个图形是_____线状。

④在电流表校正电路中,滑线变阻器的作用是控制_____的大小,应_____联在线路中;在电压表校正电路中,滑线变阻器的作用是调节_____的变化,应连接为_____电路的形式。

⑤量程为 $0 \sim 200 \ \mu A$,内阻为 $2 \ k\Omega$ 的微安表,可直接测量的最大电压是_____,若将其扩程为 15 V 的直流电压表,需_____联一个_____ Ω 的电阻,将其扩程为 15 mA 的直流电流表,需_____联一个_____ Ω 的电阻。

⑥微安表并联一个电阻 R 就改装成一个电流表,将该表与一标准表_____联后去测电流,发现该表的示数总比标准表的示数小,修正的方法可将 R 的阻值_____些。

2) 选择题

①如图 17.13 所示,实验中对 15 mA 挡进行校正时,正确的说法是( )。
　A.若改装电流表测得值比标准表测得值大,则应增大 R_3
　B.若改装电流表测得值比标准表测得值大,则应增大 R_1 或 R_2
　C.若改装电流表测得值比标准表测得值大,则应减小 R_3
　D.若改装电流表测得值比标准表测得值大,则应减小 R_1 或 R_2

②关于三用电表实验,正确的说法是( )。
　A.扩大电压表的量程越大,需并联的电阻越大
　B.扩大电流表的量程越大,需并联的电阻越小
　C.设计中,分压电阻与分流电阻的计算有关联
　D.设计中,分压电阻与分流电阻的计算无关联

③关于三用电表实验,正确的说法是( )。
　A.标准表上读取数据的可疑位总是偶数
　B.增大分压电阻,则改装表测量的电压范围也增大
　C.增大分流电阻,则改装表测量的电流范围也增大
　D.100 微安表头的内阻不可以用普通万用表测量

3) 设计题

①将量程为 $I_g = 200 \ \mu A$,内阻 $I_g = 2 \ k\Omega$ 的微安表改装成一只两挡的直流电压表。

设计要求:

a.直流电压两挡为:$0 \sim 15$ V 和 $0 \sim 30$ V;

b.画出设计的电路图,标明各元件名称或代号;

c.计算各电阻值;

d.设计对直流电压表进行校验的电路,只需画出电路图,标明各元件名称或代号,以及电压表的极性。

可用器材:电阻若干,导线若干,15 V 标准直流电压表 1 只,直流稳压电源 E 1 台,单刀单

掷开关 K 1 个,滑线变阻器 R 1 个。

②改装多量程电流、电压表的线路如图 17.13 所示,已知表头量程 $I_0 = 100$ μA,内阻 $R_g = 2\ 000$ Ω。请列出求解 R_1、R_2、R_3、R_4 的方程,并求出各电阻的阻值。同时,简述该多用电表的调试及校验方法。

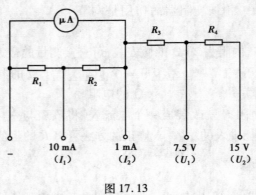

图 17.13

(5) 参考答案

1)填空题

①量程、内阻、准确度等级

②正、负、负、正、串、并

③直线、折

④电流、串、电压、分压

⑤0.4 V、串、73 000、并、27

⑥串、增大

2)选择题

①AD　②BC　③ABD

3)设计题

①题。

解　两挡电压表如图 17.14 所示。

$$R_1 = \frac{15 - I_g R_g}{I_g} = \frac{15 - 200 \times 10^{-6} \times 2 \times 10^3}{200 \times 10^{-6}}\Omega = 73\ \text{k}\Omega$$

$$R_2 = \frac{30 - 15}{I_g} = \frac{30 - 15}{200 \times 10^{-6}}\Omega = 75\ \text{k}\Omega$$

校验电路如图 17.15 所示。

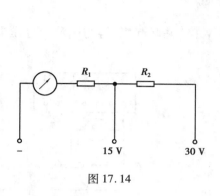

图 17.14

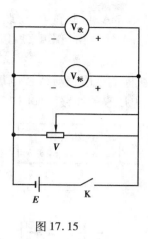

图 17.15

②题。

解 参照图 17.16,列出求解 R_1、R_2、R_3、R_4 的方程如下:

对 10 mA 挡有:$(I_1 - I_0)R_1 = I_0(R_2 + R_g)$

对 1 mA 挡有:$(I_2 - I_0)(R_1 + R_2) = I_0 R_g$

对 7.5 V 挡有:$I_2 R_4 = U_2 - U_1$

对 15 V 挡有:$I_0 R_g + I_2 R_3 = U_1$

求得:$R_1 = 22.2\ \Omega$

$R_2 = 200\ \Omega$

$R_3 = 7\ 300\ \Omega$

$R_4 = 7\ 500\ \Omega$

调试及校验方法简述:多用表组装如图 17.16 所示,完成组装后,首先要进行调校,其步骤是先调校电流表后调校电压表。

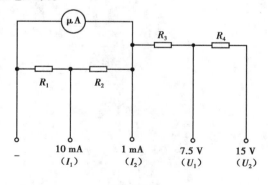

图 17.16

a. 用一块标准电流表与待校电流表(10 mA 挡)串联起来,再与限流电阻和电源串联起来,参考校正电流表的线路图如图 17.17 所示。

b. 适当调整限流电阻和电源,使标准电流表的读数为 10 mA,再调整 R_1 使改装电流表的读数也为 10 mA,此时 10 mA 挡即调好。

c. 将标准电流表与待校电流表(1 mA 挡)串联起来,适当调整限流电阻和电源,使标准电流表的读数为 1 mA,再调整 R_2 使改装电流表的读数也为 1 mA,此时 1 mA 挡即调好。由于 1 mA挡与 10 mA 挡会相互影响,所以要反复调校,直至 1 mA挡与 10 mA 挡都指示准确(至少要调两遍)。

d. 用一块标准电压表与待校电压表(7.5 V 挡)并联起来,再与电源及分压电路连接起来,参考校正电压表的线路图如图 17.18 所示。

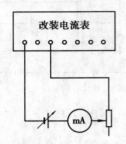

图 17.17　校正电流表的线路图

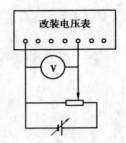

图 17.18　校正电压表的线路图

e. 适当调整电源及分压电路,使标准电压表的读数为 7.5 V,再调整 R_3 使改装电压表的读数也为 7.5 V,此时 7.5 V 挡即调整好。

f. 将标准电压表与待校电压表(15 V 挡)连接起来,适当调整电源及分压电路,使标准电压表的读数为 15 V,再调整 R_4 使改装电压表的读数也为 15 V,此时 15 V 挡即调整好。由于 7.5 V 挡与 15 V 挡不会相互影响,所以不必反复调校,只要注意调校顺序即可(先调 7.5 V 挡再调 15 V 挡)。

g. 完成以上步骤后再对各个量程均匀取 5 个点,测出各点的误差,最后计算出各个量程准确度等级。至此,多用电表的调试及校验工作全部结束。

18

显微镜和望远镜的设计与组装

Design and assembling of microscope and telescope

（1）实验背景

1）显微镜

显微镜是由一个透镜或几个透镜的组合构成的一种光学仪器，主要用于放大微小物体成为人的肉眼所能看到的仪器。最早的显微镜是 16 世纪末期在荷兰制造出来的，显微镜如图 18.1 所示。

（a）R.虎克在17世纪中期
制作的复式显微镜

（b）19世纪中期的显微镜

（c）20世纪初期的显微镜

图 18.1　显微镜的发展

显微镜分为光学显微镜和电子显微镜。

光学显微镜通常由光学部分、照明部分和机械部分组成。光学显微镜的种类很多，主要有明视野显微镜（普通光学显微镜）、暗视野显微镜、荧光显微镜、相差显微镜、激光扫描共聚焦显微镜、偏光显微镜、微分干涉差显微镜、倒置显微镜。

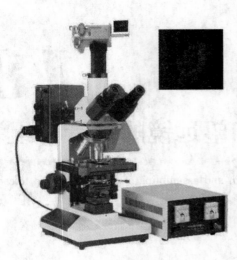

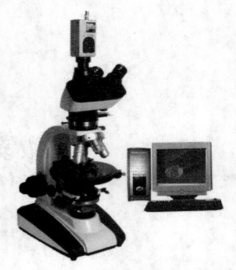

(a) 荧光显微镜　　　　　　　　　　　　　　　(b) 偏光显微镜

(c) 扫描电子显微镜　　　　　　　　　　　　　(d) 原子力显微镜

图 18.2　显微镜的种类

电子显微镜有与光学显微镜相似的基本结构特征,但其有着比光学显微镜高得多的对物体的放大及分辨本领,它将电子流作为一种新的光源,使物体成像。自 1938 年 Ruska 发明第一台透射电子显微镜至今,除了透射电镜本身的性能不断提高外,还发展了其他多种类型的电镜。如扫描电镜、分析电镜、超高压电镜等。结合各种电镜样品制备技术,可对样品进行多方面的结构或结构与功能关系的深入研究。显微镜常用于生物、医药及微小粒子的观测,电子显微镜可将物体放大到 200 万倍。

2) 望远镜

望远镜是一种利用透镜或反射镜以及其他光学器件观测遥远物体的光学仪器。利用通过透镜的光线折射或光线被凹镜反射使之进入小孔并会聚成像,再经过一个放大目镜而被看到,又称"千里镜"。望远镜的第一个作用是放大远处物体的张角,使人眼能看清角距更小的细节。望远镜的第二个作用是将物镜收集到的比瞳孔直径(最大 8 mm)粗得多的光束,送入人眼,使观测者能看到原来看不到的暗弱物体。1608 年,荷兰的一位眼镜商汉斯·利伯希偶然发现用两块镜片可以看清远处的景物,受此启发,他制造了人类历史上的第一架望远镜。经过近 400 多年的发展,望远镜的功能越来越强大,观测的距离也越来越远。1609 年意大利佛罗伦萨人伽利略·伽利雷发明了 40 倍双镜望远镜,这是第一部投入科学应用的实用望远镜。望远镜分为:折射望远镜、反射望远镜、折反射望远镜、射电望远镜、空间望远镜、双子望远镜、太阳望远镜、红外望远镜、数码望远镜。

(a)早期的折反射望远镜

(b)早期的折射望远镜

(c)现代反射式望远镜

(d)空间望远镜

(e)全球最大的单镜面光学望远镜

图 18.3　望远镜的发展

(a)折射望远镜

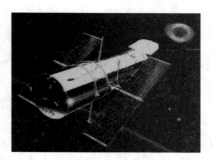

(b)哈勃空间望远镜

（c）伽利略望远镜 　　　　　　　　　（d）开普勒太空望远镜

图 18.4　望远镜的种类

（2）重点、难点

出瞳距离（distance of exit pupil）：自光学系统最后一面顶点到出瞳平面与光轴交点的距离，在望远镜和显微镜等目视光学仪器中，人眼的瞳孔必须与出瞳重合才能看到整个视场，为了避免眼睫毛与系统最后一面相碰而妨碍观察，出瞳距离不能小于一定的数值。实验室仪器或一般的普通仪器，要求最少的出瞳距离约为 6 mm。

明视距离（Least distance of distinct vision）：在合适的照明条件下，眼睛最方便、最习惯的工作距离。最适合正常人眼观察近处较小物体的距离，约为 25 cm。

1）显微镜成像原理

显微镜的光学系统由物镜和目镜两个部分组成。

一次成像：物镜 L_0 的焦距 f_0 很短，待观察物体 y 放在其前面距离略大于 f_0 的地方使 y 经 L_0 后成一放大实像 y'。

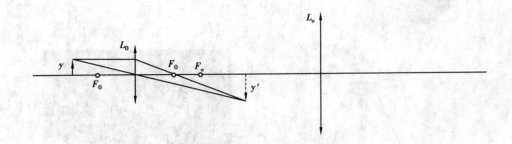

图 18.5　一次成像光路图

二次成像：再用目镜 L_e 作为放大镜来观察这个中间像。中间像 y' 应在目镜 L_e 的第一焦点 F_e 以内，经目镜后在明视距离（$D = 25$ cm）处成一放大虚像 y''。

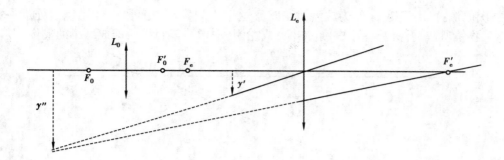

图 18.6　二次成像光路图

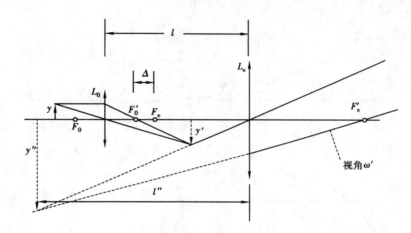

图 18.7　显微镜成像原理图

显微镜的视角放大率定义为：

$$M = \frac{\tan \omega'}{\tan \omega} \tag{18.1}$$

式中　ω'、ω——分别是最后的像 y'' 和物 y 在明视距离处对眼睛所张的视角。

$$M_{理论} = \frac{D\Delta}{f_e' f_0'} \tag{18.2}$$

$$M_{实测} = \frac{y''}{y'} \tag{18.3}$$

2）望远镜成像原理

一次成像：无穷远处物体发出的光经物镜后在物镜焦平面上成一倒立缩小的实像，物镜 L_0 的焦距 f_0 很长，待观察物体 y 放在其前面距离大于 f_0 的地方使 y 经 L_0 后成一放大实像 y_l'。

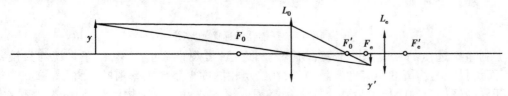

图 18.8　一次成像光路图

二次成像：再用目镜 L_e 作为放大镜来观察这个中间像。中间像 y' 经目镜后处成一放大虚像 y''，物镜所成的像位于 O_e 右侧（实像）或左侧（虚像），经目镜后即成缩小的实像 y''。

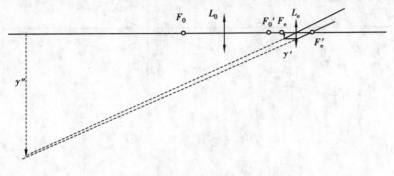

图 18.9　二次成像光路图

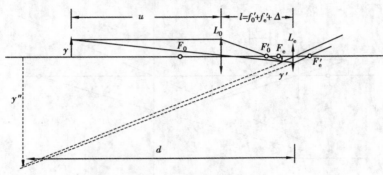

图 18.10　望远镜成像原理图

$$M_{理论} = \frac{f'_0(d + f'_0)}{f'_e(u - f_0)} \tag{18.4}$$

$$M_{实测} = \frac{y''}{y'} \tag{18.5}$$

根据目镜组焦距的正负，又可区分为开普勒望远镜和伽利略望远镜系统。

开普勒望远镜由物镜和目镜组成，成倒像，目镜是凸透镜，物镜也是凸透镜，但物镜的焦距长，目镜的焦距短。因而只适于进行天文观察或大地测量，故此又称为天文望远镜。

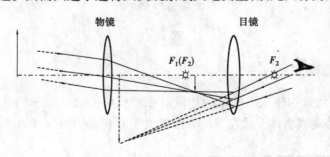

图 18.11　开普勒望远镜光路图

伽利略望远镜的目镜是凹透镜，物镜是凸透镜，可观察到正立像，由于物镜与目镜共焦面，因而负目镜至物镜的距离即实际筒长，在给定相同的视角放大率值的条件下，伽利略望远镜比开普勒望远镜的筒长大为减小。伽利略望远镜的缺点是由于物镜和目镜之间没有实像面,不能安装分划板,因此仅能用于观察而不能做瞄准或测量望远镜,另外其视场也小。

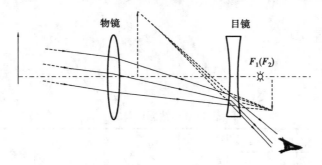

物镜　　目镜

$F_1(F_2)$

图 18.12　伽利略望远镜光路图

(3)操作要点

1)显微镜的组装

①布置各器件,根据设计要求选择合适的目镜、物镜、物体,调等高同轴。
②计算物镜 L_0 与目镜 L_e 的间距 l,$l = \Delta + f_0 + f_e$($\Delta = 18cm$)。
③按照图 18.13 所示进行组装。
④调节物体与物镜的距离,得到物体放大清晰的像,调整反射面,使其在图中同时看到钢尺与物体,测出物体一格对应钢尺上的长度。

2)望远镜的组装

①布置各器件,根据设计要求选择合适的目镜、物镜、物体,调等高同轴。
②计算物镜 L_0 与目镜 L_e 的间距 l,$l = \Delta + f_0 + f_e$($\Delta = 2\ cm$)
③按照图 18.14 进行组装。

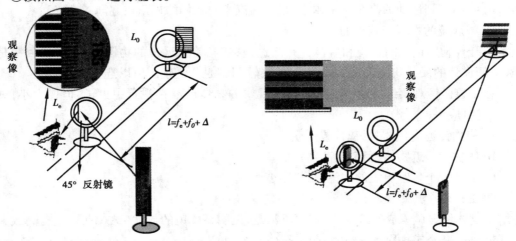

观察像　　L_0　　L_e　　$l = f_e + f_0 + \Delta$　　45° 反射镜

观察像　　L_0　　L_e　　$l = f_e + f_0 + \Delta$

图 18.13　显微镜的组装　　　　　图 18.14　望远镜的组装

④移动目镜,使得从目镜中能看到清晰的格子像。然后用一只眼睛从望远镜外直接观察

格子的间隔标尺,另一只眼睛从目镜中观察格子像,一边慢慢移动目镜,使它们之间无视差。

(4) 数据记录与处理

记录数据,见表 18.1。

表 18.1　数据记录表

显微镜/mm	f_0	f_e	Δ	x_0	x_e	y	$y_{上}$	$y_{下}$	y''	$M_{测}$
$f_0 < f_e$										
$f_0 > f_e$										
望远镜/mm	f_0	f_e	$x_{物}$	x_0	x_e	y''(条)	y(条)	特征	视场大小(条)	
开普勒										
伽利略										

数据处理:计算出 $M_{理论}$ 与 $M_{测}$,误差:$E_r = \dfrac{|M_{理论} - M_{测}|}{M_{理论}}$

(5) 例题

例题

①下列关于望远镜的说法不正确的是(　　　)。

　A. 所有的望远镜都是由两个凸透镜制成的

　B. 望远镜的物镜直径越大,越容易观察到较暗的星球

　C. 我们看到远处的汽车越来越小,是因为汽车对我们的视角在逐渐减小

　D. 望远镜的物镜呈缩小的实像

解　开普勒望远镜的物镜和目镜都是凸透镜;伽利略望远镜的物镜是凸透镜,目镜是凹透镜;牛顿设计的反射式望远镜的物镜是凹面镜,目镜是凸透镜。所以选项 A 错误。

②在用显微镜观察细胞时,通过调节,被观察的物体已经在视野中央了,但像太小,观察不清楚,这时应该(　　　)。

　A. 使物镜远离物体,目镜位置不变

　B. 使物镜靠近物体,目镜远离物镜一些

　C. 更换一个焦距更短的物镜,目镜不变

　D. 更换一个焦距更长的物镜,目镜不变

解　物体经显微镜成的像太小,观察不清楚,说明显微镜的放大倍数不够,应提高放大倍数。根据放大率公式,可减小物镜焦距。正确答案为 C。

（6）习题

1）填空题

①显微镜是由_____和_____两组凸透镜组成。来自物体的光经过物镜成_____、_____的像。目镜使"物体"成_____、_____的像。

②显微镜镜筒的两端各有一组透镜，每组透镜的作用相当于一个_____，靠近眼睛的是_____，靠近被观察物体的是_____，物体经过_____成一个放大的像，这个像再经过_____放大，就可以看到肉眼看不到的小物体了。

③望远镜是由_____和_____两组透镜组成。来自物体的光经过物镜成_____、_____的像。目镜使"物体"成_____、_____像。

④望远镜的作用是使远处的物体在_____附近成实像，目镜相当于一个_____，用来把这个像_____。

⑤我们不能看清一个物体，与物体对我们的眼睛所成的视角大小有关，物体离我们越近，视角越_____，看物体越清楚。

⑥观察细胞等微小物体要用_____，观察远处的物体和天体的运动要用_____。

⑦显微镜和望远镜在构造上的共同特征是它们大都是由_____组_____组成，并且大都相当于一个_____镜。

⑧为了得到更加清晰的天体照片，可将天文望远镜安置在_____外，以避免_____的干扰。

⑨望远镜中被观察物体到物镜的距离远大于_____，成的像到目镜的距离_____。

⑩做透镜成像实验时，烛焰的像在屏幕的下边缘处，如果不改变烛焰及屏幕的位置，而打算移动透镜使像移到屏幕的中央，应将透镜向_____移。

⑪显微镜镜筒的两端各有一组透镜，每组透镜的作用相当于一个_____，_____称为目镜，_____称为物镜。物镜所成的像是_____、_____的实像，它离目镜的距离在_____。

2）选择题

①下列关于显微镜和望远镜的说法，正确的是（　　）。

　A. 通过望远镜看到的是物体被两次放大之后的实像

　B. 使用显微镜观察物体，看到的是物体被两次放大之后的虚像

　C. 所有望远镜的物镜都相当于凸透镜

　D. 以上说法都不对

②同一个物体离眼睛越近，其视角（　　）。

　A. 越小

　B. 越大

C. 不变

D. 无法确定

③显微镜能对微小的物体进行高倍放大,它们用两个焦距不同的凸透镜分别作为物镜和目镜,则物镜和目镜对被观察物所成的像是(　　)。

A. 物镜成倒立、放大的实像

B. 物镜和目镜都成实像

C. 物镜和目镜都成虚像

D. 目镜成正立、放大的虚像

④关于天文望远镜的说法错误的是(　　)。

A. 让更多的光射入物镜中

B. 力求将物镜的口径加大

C. 采用焦距很大的凸透镜作物镜

D. 增大观察的视角

⑤关于显微镜下列说法正确的是(　　)。

A. 物镜有发散作用,目镜有会聚作用

B. 物镜有会聚作用,目镜有发散作用

C. 物镜得到放大的像,目镜再次得到放大的像

D. 物镜得不到像,目镜得到物体放大的像

⑥关于望远镜的说法正确的是(　　)。

A. 所有的望远镜都是由两个凸透镜组成的

B. 望远镜都是由一个凸透镜和一个凹透镜构成的

C. 除了凸透镜外,天文望远镜也常用凹面镜做物镜

D. 只有用透镜才能做望远镜

(7) 参考答案

1) 填空题

①物镜　目镜　倒立　放大　正立　虚

②凸透镜　目镜　物镜　物镜　目镜

③物镜　目镜　倒立　缩小　放大　虚

④目镜焦距内　放大镜　放大

⑤大

⑥显微镜　望远镜

⑦2　透镜　凸透镜

⑧大气层　大气层

⑨二倍焦距　小于焦距

⑩上

⑪凸透镜　靠近眼睛的凸透镜　靠近被观测物体的凸透镜　倒立　放大　目镜焦距以内

2）选择题

①D　②B　③AD　④D　⑤C　⑥C

附　录

附录1　大学物理实验模拟试卷

大学物理实验模拟试卷(一)及参考答案

一、填空题：(每空2分,共40分)

1. 在超声波作用下,液体的密度沿超声波发射方向呈_____的周期变化,导致液体的_____在此方向上也呈周期性变化。

2. 图1是QJ24电桥,此电桥测量电阻的最大值为_____Ω,有效数字最多_____位数。用它测量几百欧姆的电阻时,比率臂应该选择_____。

3. 图2是示波器显示的波形,示波器扫速旋钮为0.1 ms/div,灵敏度为0.5 V/div,此两旋钮均已校正,图中数字单位div,由此可测得电压_____V(峰-峰值),相位差_____度。

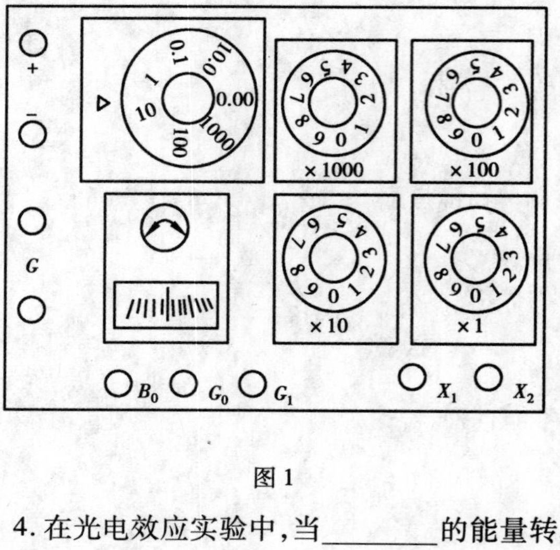

图1

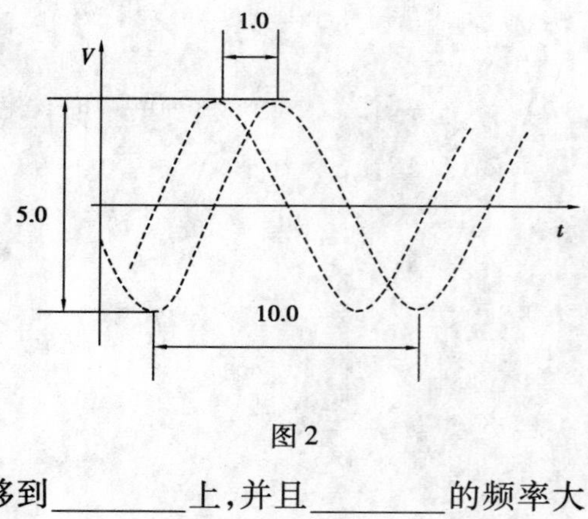

图2

4. 在光电效应实验中,当_____的能量转移到_____上,并且_____的频率大于阈频率时就会产生光电流。

5. 分光计是测量＿＿＿＿＿的仪器。紫光偏向角的大小比绿光＿＿＿＿＿，故其折射率的大小比绿光＿＿＿＿＿。双游标的作用是消除＿＿＿＿＿＿＿＿＿＿误差。

6. 从仪器上直接读得的＿＿＿＿＿数字和最后一位＿＿＿＿＿得到的＿＿＿＿＿数字统称为测量值的有效数字。

7. 在显微镜实验中,被观察物应放在＿＿＿＿＿的 2 倍焦距之内,＿＿＿＿＿倍焦距之外,被观察物通过物镜成的＿＿＿＿＿像要落在目镜的 1 倍焦距之内。

二、选择题:(单选或多选)(每题 5 分,共 30 分。错选无分,少选得 2 分,将答案填入下表)

题　号	1	2	3	4	5	6
答　案						

1. 迈克尔孙实验中,说法正确的是(　　　)。

　　A. 迈克尔孙干涉仪的分光是分振幅的

　　B. 微调手轮转动一圈,动镜的位移是 0.010 00 mm

　　C. 没有扩束镜就不能形成干涉

　　D. 动镜移动一个波长距离,干涉条纹要变化 2 级

2. 在全息摄影实验中,正确的说法是(　　　)。

　　A. 全息摄影利用了光的干涉原理

　　B. 全息图再现利用了物光进行衍射

　　C. 全息图记录了物体光波光强和颜色的信息

　　D. 全息图记录了物体光波强度和位相的信息

3. 在铁磁材料实验中,正确的说法是(　　　)。

　　A. 剩磁大的材料常称为硬磁材料

　　B. 示波器测量 B、H 时采用了转换测量法

　　C. 在剩磁点时,外界磁场强度为零

　　D. 饱和磁滞回线上 B 值为零的点,其 H 值称为矫顽磁力

4. 在杨氏模量实验中,正确的说法是(　　　)。

　　A. 应该在 1 个砝码都没有加时测量钢丝长度

　　B. 通过望远镜看不清楚刻度尺时,应该调节物镜焦距

　　C. 钢丝长度越长,杨氏模量越大

　　D. 光杠杆的作用是将钢丝的伸长量放大后测量

5. 三用表实验原理如图 3 所示,正确的说法是(　　　)。

　　A. 校正电压挡时,分流电阻可以拆除

　　B. 分压电阻的计算,与分流电阻值无关

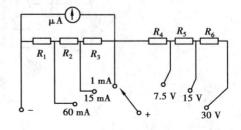

图 3

C. 只校正 1 mA 和 60 mA 电流挡时,校正的顺序应该是先 60 mA 后 1 mA

D. 计算分流电阻时,与分压电阻值的大小没有任何关系

6. 在传感器实验中,正确的说法是(　　)。

A. 利用了差动放大器放大电压

B. 应变片利用了材料的应变-电流效应

C. 半桥接法的灵敏度可以达到单臂电桥接法的 2 倍

D. 差动放大器测量前必须调零

三、计算题:(20 分)

(注:空白处不够书写时,可以写在第一页背面并注明)如图 4 所示,用 50 分度的游标卡尺分别测量出 D、H 的数据及结果见表 1(　　),请计算出该圆柱体的体积并写出体积的完整表达式。

注意:

①在 95% 的置信概率下,测量次数为 6 时的置信系数 $t_p = 2.57$。

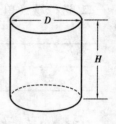

图 4

②取 $\pi = 3.141\,6$,所有 A 类、B 类不确定度均保留两位有效数,所有物理量总的不确定度均保留一位有效数。

表 1

测量次数 物理量	1	2	3	4	5	6
D/mm	20.04	20.02	19.98	19.96	20.02	20.04
H/mm	25.02 ± 0.06					

四、综合题:(10 分)

根据弗兰克-赫兹实验的实验装置图(图 5),回答以下问题:

1. 标出图中④处电场的正负极

标出图中①、②和③处电场的符号。

2. 弗兰克-赫兹通过实验证明了玻尔理论中原子内部量子化能级的存在,结合实验可以用公式_____来表示此结论。

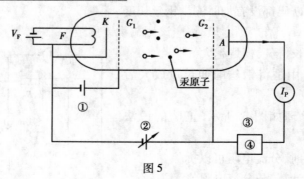

图 5

参考答案

一、填空题:(每空 2 分,共 40 分)

1. 疏密相间,折射率

2. 9.999×10^6,4,0.1

3. 2.5,1 000,36

4. 光子,电子,光

5. 角度,大,大,偏心

6. 准确,估读,可疑

7. 物镜,1,实

二、选择题:(每题 5 分,共 30 分。全对 5 分,少选扣 2 分,多选、错选无分。)

1. ABD; 2. AD; 3. BCD; 4. BD; 5. CD; 6. ACD。

三、计算题:

解:$\overline{D} = \dfrac{1}{6} \sum_1^6 D_i = \dfrac{1}{6}(20.04 + 20.02 + 19.98 + 19.96 + 20.02 + 20.04) = 20.01$(mm)

(1 分,结果、单位各 0.5 分)

计算 D 的不确定度 U_D:

$$\Delta_{DA} = t_p \sqrt{\frac{1}{n(n-1)} \sum_1^n (D_i - \overline{D})}$$

$$= 2.57 \sqrt{\frac{1}{6 \times 5}[0.03^2 + 0.01^2 + (-0.03)^2 + (-0.05)^2 + 0.01^2 + 0.03^2]} = 0.035 \text{(mm)}$$

(2 分,公式 1 分,结果、单位各 0.5 分)

$\Delta_{DB} = \sqrt{\Delta_仪^2 + \Delta_估^2} = \sqrt{0.02^2 + 0.02^2} = 0.029$(mm) (2 分,公式 1 分,结果、单位各 0.5 分)

$U_D = \sqrt{\Delta_{aA}^2 + \Delta_{aB}^2} = \sqrt{0.035^2 + 0.029^2} = 0.05$(mm) (0.046 mm) (2 分,公式 1 分,结果、单位各 0.5 分)

$D = 20.01 \pm 0.05$(mm)($P = 0.95$) (此式可不写)

计算体积的不确定度 U_V:

$\overline{V} = \dfrac{\pi}{4} \overline{D}^2 \overline{H} = \dfrac{3.141\ 6}{4} \times 20.01^2 \times 25.02 = 7\ 868$(mm³)(直接按 π 也是 7 868 mm³)

(2 分,公式 1 分,结果、单位各 0.5 分)

方法 1:

$$U_V = \sqrt{\left(\frac{\partial V}{\partial D}\right)^2 U_D^2 + \left(\frac{\partial V}{\partial H}\right)^2 U_H^2} = \sqrt{\left(\frac{\pi}{2} \overline{D}\,\overline{H} U_D\right)^2 + \left(\frac{\pi}{4} \overline{D}^2 U_H\right)^2}$$

$$= \sqrt{\left(\frac{3.141\ 6}{2} \times 20.01 \times 25.02 \times 0.05\right)^2 + \left(\frac{3.141\ 6}{4} \times 20.01^2 \times 0.06\right)^2}$$

$= 5 \times 10^3$ mm³(或 $= 0.05 \times 10^3$ mm³)(两位为:44 mm³) (6 分,具体公式 3 分,数据、结果、单位各 1 分)

$V = \bar{V} \pm U_V = (7.87 \pm 0.05) \times 10^3 (\text{mm}^3)(P = 0.95)$ （5分,对齐3分,单位、概率各1分）

方法2:

$U_V = E_V\bar{V} = 0.005\,6 \times 7\,868\ \text{mm}^3 = 5 \times 10\ \text{mm}^3$（两位为:44 mm³） （2分,公式0.5分,结果1分,单位0.5分）

$V = \bar{V} \pm U_V = (7.87 \pm 0.05) \times 10^3\ \text{mm}^3 (P = 0.95)$ （5分,对齐3分,单位、概率各1分）

四、综合题:

$\dashv\vdash$; V_{G1K} : V_{G2K} ; V_{G2A} ; $eU_0 = E_1 - E_0$

$$= \frac{nc}{\lambda}$$

大学物理实验模拟试卷(二)及参考答案

一、填空题:(每空2分,共40分)

1. 本学期使用过的处理物理实验数据的方法有_____。

2. 用一只1.0级,量程为3 V的电压表测得电压为2.00 V,测量的绝对误差为_____,相对误差为_____。

3. 分光计是用来进行测量的精密光学仪器,分光计游标盘同一直径上设置两个读数游标是为了_____。

4. 热敏电阻通常用材料制成,具有较大的负温度系数,对_____的变化非常敏感。

5. 要在示波器荧光屏上显示出一个完整的正弦波,必须在水平偏转板上加上一个_____电压或信号,在Y偏转板上加上一个_____电压或信号。

6. 在光电效应理论中,饱和光电流大小与入射光的成正比。如果用孔径分别为2 mm,4 mm和8 mm的小孔光阑来限制通光量,则在理论上其相应的饱和光电流大小之比为_____。

7. 显微镜和望远镜的作用都是将被测物体加以放大。在构造上,两者的光学系统比较相似,都是由_____和_____组成。

8. 在弗兰克-赫兹实验中,I_p-V_{G2K}曲线相邻两峰间的电位差V_0即是汞原子的_____,则可得汞原子的临界能量值为_____。

9. 用单臂电桥测电阻时,首先应根据待测电阻的大小选择_____,其原则是使测定臂的_____电阻盘尽量用上。

二、选择题:(单选或多选)(每题5分,共30分。错选无分,少选得2分,将答案填入下表)

题 号	1	2	3	4	5	6
答 案						

1. 下列说法中正确的是(　　)。

A. 当被测量可以进行重复测量时,常用重复测量的方法来减少测量结果的系统误差

B. 对某一长度进行两次测量,其测量结果为 10 cm 和 10.0 cm,则两次测量结果是一样的

C. 已知测量某电阻结果为:$R = (85.32 \pm 0.05)\ \Omega$,表明测量电阻的真值位于 $[85.27 \sim 85.37]$ 之外的可能性很小

D. 测量结果的三要素是测量的平均值,测量结果的不确定度和单位

2. 迈克尔孙实验中,说法正确的是(　　　)。

A. 迈克尔孙干涉仪是利用分振幅的方法获得两束光

B. 干涉圆环中心涌出一个新的圆环;说明动镜移动了一个 λ

C. 干涉圆环中心涌出新的圆环;说明两个反射镜之间的空间距离变大

D. 微动手轮转动一圈,动镜移动了 0.010 00 mm

3. 在测量金属丝的杨氏模量实验中,预加 2 kg 负荷的目的是(　　　)。

A. 消除摩擦力

B. 使测量系统稳定,金属丝铅直

C. 拉直金属丝,避免将拉直过程当作伸长过程进行测量

D. 便于望远镜的调整和测量

4. 关于电子秤中应变式力传感器的说法正确的是(　　　)。

A. 应变片多用半导体材料制成

B. 当应变片的表面拉伸时,其电阻变大;反之,变小

C. 传感器输出的是应变片上的电压

D. 外力越大,输出的电压差值也越大

5. 对全息图的特点,以下说法正确的是(　　　)。

A. 全息图具有衍射成像的性能,能再现出物体的三维立体像,具有显著的视差特性

B. 全息图是记录物点对应物光波的分布,因而全息图具有可分割的特性

C. 全息图的再现像亮度可调。再现时的入射光越强,再现像就越亮

D. 全息图的再现像大小不会因全息图与再现光的距离变化而变

6. 以下说法正确的是(　　　)。

A. 铁磁材料的磁导率 $\mu = B/A$ 是常数

B. 磁化过程与铁磁材料过去的磁化经历有关

C. 在磁滞回线中,磁感应强度的变化落后于磁场强度的变化

D. 铁磁材料的 B 与 H 是非线性关系

三、计算题:(20 分)

有一粗细均匀的细棒,需要得到其表面积,因此需要测量其直径和长度。实验中直径测量选择的工具为千分尺(其仪器误差为 0.005 mm),而长度测量的工具为 50 分度的游标卡尺,测得的数据见表,请求出其表面积 S。(数据处理中,所有的不确定度均取 1 位有效数字,$t_p = 2.57,P = 0.95$)

测量次数	1	2	3	4	5	6
L /mm	22.36	22.38	22.34	22.30	22.34	22.32
D /mm			4.653 ± 0.005			

四、设计题:(10 分)

迈克尔孙干涉仪是一台精密的光学仪器,它可以准确读出 _____ ;干涉圆环变化两个级次,对应的光程差变化 _____ 。利用其高精度特点,给设计者一个形状、长短适当的样品和一个加热温控器,你如何对迈克尔孙干涉进行改装设计?测出样品长度随温度变化的关系,画出设计简图。

参考答案

一、填空题:

1. 列表法、作图法、逐差法、最小二乘法(任意 3 个都对)

2. 0.03 V,1.5%

3. 角度,消除偏心差

4. 半导体,温度

5. 正弦波,锯齿波

6. 强度,1:4:16

7. 视角,物镜,目镜

8. 第一激发电位,eV_0

9. 比率臂,最大

二、选择题:

题　号	1	2	3	4	5	6
答　案	CD	BD	BC	BC	ABC	BCD

三、计算题:(20 分)

1. 平均值

$$\overline{L} = \sum_{i=1}^{6} L_i$$

$$= \frac{22.36 + 22.38 + 22.34 + 22.30 + 22.34 + 22.32}{6}$$

$$= 22.34 \ (\text{mm}) \qquad 评分:2 分(公式和代数:1 分,结果和单位:1 分;一步到位对给全分,错不给分)$$

$$\overline{S} = \pi D L + \frac{1}{2}\pi D^2$$

$$= 22.34 \times 4.653\pi + \frac{1}{2} \times 4.653^2\pi \ (\text{mm})$$

$= 360.6 \ mm^2$　　评分:2分(公式和代数:1分,结果和单位:1分;一步到位对给全分,错不给分)

2.不确定度

L 的不确定度:

$$\Delta_A = t_p \sqrt{\frac{\sum_{i=1}^{k}(L_i - \bar{L})^2}{k(k-1)}} = 2.57 \sqrt{\frac{0.02^2 + 0.04^2 + 0.04^2 + 0.02^2}{6 \times 5}}$$

$$= 0.03 \ (mm) \quad (P = 0.95)$$

评分:2分(公式和代数:1分,结果和单位:1分;一步到位对给全分,错不给分)

$$\Delta_B = \sqrt{\Delta_仪 + \Delta_估} = 0.02\sqrt{2} \ mm = 0.03 \ (mm)$$

评分:2分(公式和代数:1分,结果和单位:1分;一步到位对给全分,错不给分)

$$U_L = \sqrt{\Delta_A + \Delta_B} = 0.03\sqrt{2} \ mm = 0.05 \ (mm)$$

评分:2分(公式和代数:1分,结果和单位:1分;一步到位对给全分,错不给分)

S 的不确定度:

$$U_S = \sqrt{(\pi D)^2 u_L^2 + (\pi L + \pi D)^2 u_D^2}$$

$$= \sqrt{(4.653\pi)^2 \times 0.05^2 + (22.34\pi + 4.653\pi)^2 \times 0.005^2}$$

$$= 0.8 \ (mm^2)$$

评分:6分(公式和代数:3分,结果和单位:3分;一步到位对给全分,错不给分)

3.完整表达式

$$S = \bar{S} \pm U_S = (360.6 \pm 0.8) \ (mm)^2 \quad (P = 0.95)$$

评分:4分(每一部分要素1分,每缺一部分扣1分)

四、综合题:

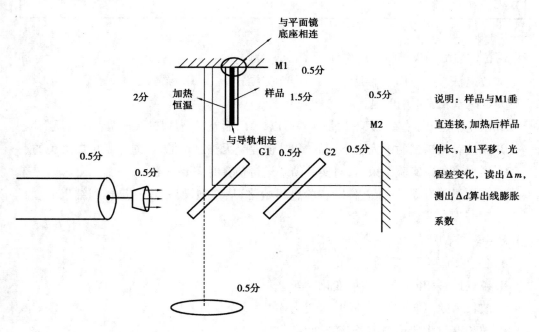

说明:样品与M1垂直连接,加热后样品伸长,M1平移,光程差变化,读出 Δm,测出 Δd 算出线膨胀系数

191

大学物理实验模拟试卷(三)及参考答案

一、填空题:(每空 2 分,共 40 分)

1. 已知 $y = 2X_1 - 3X_2 + 5X_3$,直接测量量 X_1、X_2、X_3 的不确定度分别为 ΔX_1、ΔX_2、ΔX_3,则间接测量量的不确定度 $\Delta y =$ _____。

2. 若某待测物的标准长度为 2.364 44 cm,若用最小分度值为 1 mm 的米尺测,其值应为_____mm,若用精度为 0.002 cm 的游标卡尺测量,其值应为_____mm,用精度为 0.01 mm 的螺旋测微计测量,其值应为_____mm。

3. 用量程为 10 V 的 0.5 级电压表测得某个电压为 5.00 V,测量结果的最大绝对误差为_____,相对误差为_____。

4. 在传统黑白摄影中,照相底片上记录的只是光波的_____信息;而全息摄影则是利用光的干涉,把物体反射光的_____和_____信息,以_____的形式记录下来。

5. 分光计调整的目标是_____能够接受平行光,使_____能够发射平行光,平行光管和望远镜的主光轴与_____垂直,三棱镜的_____与仪器的中心转轴垂直。

6. 电阻应变片式传感器基本工作原理是利用_____将被测位移的变化,转换成_____的变化,再经桥式电路变成_____由放大电路放大后输出,最后达到测量位移的目的。

7. 在光电效应法测普朗克常量试验中,通常采用的是_____法,通过不同_____的单色光照射同一光电管,可得到不同的_____,并利用公式_____通过曲线斜率求出普朗克常量。

二、选择题(单选或多选):(每题 5 分,共 30 分。错选无分,少选得 2 分,将答案填入下表)

题 号	1	2	3	4	5	6
答 案						

1. 用拉伸法测杨氏模量实验中使用了( )。

   A. 逐差法　　　　B. 补偿法　　　　C. 光放大法　　　　D. 异号法

2. 关于误差表述正确的是( )。

   A. 误差就是出了差错,只不过是误差可以计算,而差错是日常用语,两者没有质的区别

   B. 误差和差错是两个完全不同的概念,误差是无法避免的,而差错是可以避免的

   C. 误差只是在实验结束后,对实验结果进行估算时需要考虑

   D. 有测量就有误差,误差伴随实验过程始终,从方案设计、仪器选择到结果处理,均离不开误差分析

3. 超声驻波的特征有( )。

   A. 各点振幅不同,呈周期变化

   B. 各点振幅相同,不呈周期变化

   C. 波长为原声波波长,不随时间变化

   D. 波长有时为原声波波长,随时间变化

E. 位相随时间变化,不随空间变化

4. 如图 1 所示,实验中在对 15 mA 挡进行校正时,正确的说法是
( )。

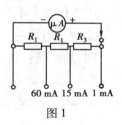

A. 若改装电流表测得值比标准表测得值大,则应增大 R_3

B. 若改装电流表测得值比标准表测得值大,则应增大 R_1 或 R_2

C. 若改装电流表测得值比标准表测得值大,则应减小 R_3

D. 若改装电流表测得值比标准表测得值大,则应减小 R_1 或 R_2

图 1

5. 对弗兰克-赫兹实验所测的 I_p-V_{G2K} 曲线,以下叙述正确的是( )。

A. 相邻两峰间的电位差即是氩原子的第一激发电位

B. 相邻两谷间的电位差即是氩原子的第一激发电位

C. 曲线中第一峰值所对应的电压即是氩原子第一激发电位

D. 实验曲线所测的第一激发电位不受温度的影响

6. 关于迈克尔孙等倾干涉圆环的干涉级次,正确说法是( )。

A. 干涉级次的高低由反射镜到分束镜的距离决定

B. 干涉级次的高低由光源到分束镜的距离决定

C. 中心环的干涉级次比外边高

D. 中心环的干涉级次比外边低

三、计算题:(20 分)(注:空白处不够书写时,可以写在背面并注明)

某同学使用单臂电桥测量铜电阻的温度系数,测得的数据见表 1。

表 1

$t/℃$	15.5	21.0	26.0	31.0	36.0	41.0	46.0	51.0
R/Ω	39.73	40.51	41.21	41.89	42.64	43.52	44.36	45.12

已知,该铜电阻在 0 ℃时的电阻是 36.00 Ω,实验中测量温度所用温度计的最小量是 1 ℃,按照 1/2 进行估读,其仪器误差和估读误差一致。测量电阻所用的直流单臂电桥的最小量是 0.01 Ω,为简化问题,其仪器误差也取为 0.01 Ω。

当置信概率为 0.95 时,置信因子 t_p 与测量次数 k 的关系见表 2:

表 2

测量次数 k	3	4	5	6	7	8	9
置信因子 t_p	4.3	3.18	2.78	2.57	2.45	2.36	2.31

请计算该铜电阻的电阻温度系数(不能使用作图法)和不确定度,并用完整表达式表示测量结果。

注意：

①置信概率取 0.95。

②所有的绝对不确定度均保留一位有效数字,相对不确定度保留两位有效数字。

四、综合题:(10分)

根据本学期实验课程内容,请回答以下问题:

1. 在哪个实验用到以下关系式?

$$U_S = \frac{h}{e}\upsilon - \frac{W_S}{e}$$

2. 你的实验中测试了什么样一组数据可以求出普朗克常数?

给出关系式和实验数据。

参考答案

一、填空题:

1. $\sqrt{4\Delta X_1^2 + 9\Delta X_2^2 + 25\Delta X_3^2}$

2. 23.6, 23.64, 23.644

3. 0.05 V, 1%

4. 振幅;振幅,相位;干涉图样

5. 望远镜,平行光管,分光计中心轴,主截面

6. 应变片,电阻值,电压

7. 减速场,截止电压,$k = h/e(h = ke)$

二、选择题:

题 号	1	2	3	4	5	6
答 案	ABC	BD	ACE	AD	AD	C

三、计算题:

解答:

1. 温度变化量与电阻变化量

2. 温度变化的平均值及不确定度

平均值:$\overline{\Delta t} = \frac{1}{N}\sum \Delta t_i = 5.07 \approx 5.1 \text{ ℃}$

由表2可知,$t_p = 2.45$

Δt 的不确定度:

$$U_{\overline{\Delta t_A}} = 2.45\sqrt{\frac{\sum (\Delta t_i - \overline{\Delta t})^2}{7 \times 6}} = 0.18 \approx 0.2 \text{ ℃}$$

$$U_{\overline{\Delta t}B} = \sqrt{\Delta_{仪}^2 + \Delta_{估}^2} = \sqrt{0.5^2 + 0.5^2} = 0.707 \approx 0.8 \text{ ℃}$$

$$U_{\overline{\Delta t}} = \sqrt{U_{\Delta t_A}^2 + U_{\Delta t_B}^2} = \sqrt{0.2^2 + 0.8^2} = 0.9 \text{ ℃}$$

3. 电阻变化的平均值及其不确定度

$$\Delta R = \frac{1}{N} \sum \Delta R_i = 0.77 \text{ Ω}$$

ΔR 的不确定度：

$$U_{\Delta R_A} = 2.45 \sqrt{\frac{\sum (\Delta R_i - \overline{\Delta R})^2}{7 \times 6}} = 0.067 \approx 0.07 \text{ Ω}$$

$$U_{\Delta R_B} = \sqrt{\Delta_{仪}^2 + \Delta_{估}^2} = \sqrt{0.01^2 + 0.01^2} = 0.0142 \approx 0.02 \text{ Ω}$$

$$U_{\Delta R} = \sqrt{U_{\Delta R_A}^2 + U_{\Delta R_B}^2} = \sqrt{0.07^2 + 0.02^2} = 0.073 \approx 0.08 \text{ Ω}$$

4. 电阻温度系数及其不确定度

$$\alpha = \frac{\Delta R}{R_0 \Delta t} = \frac{0.77}{36.00 \times 5.1} = 0.00419 \approx 0.0042 \text{ ℃}$$

$$E_\alpha = \sqrt{\left(\frac{U_{\Delta t}}{\Delta t}\right)^2 + \left(\frac{U_{\Delta R}}{\Delta R}\right)^2} = \sqrt{\left(\frac{0.9}{5.1}\right)^2 + \left(\frac{0.08}{0.77}\right)^2} = 0.21$$

Δt/℃	5.5	5.0	5.0	5.0	5.0	5.0	5.0
ΔR/Ω	0.78	0.70	0.68	0.75	0.88	0.84	0.76

$$U_\alpha = \overline{\alpha} \times E_{\overline{\alpha}} = 0.0042 \times 0.21 = 0.000882 \approx 0.0009 \text{ ℃}$$

5. 完整表达式

$$\alpha = (4.2 \pm 0.9) \times 10^{-3} \text{ ℃}(P = 0.95)$$

四、综合题：

1. 光电效应及普朗克常数的测定实验

2.

波长 Å	3 650	4 050	4 360	5 460	5 770	$h^*(10^{-34})$ J·s
频率/10^{14} Hz	8.216	7.410	6.882	5.492	5.198	

根据五组数据作出 U_0-p 的关系图，由此选取两个点，求出斜率，即求出 h。

附录2 实验预习报告样本

课程名称	大学物理实验	实验项目	用直流电桥测量电阻温度系数	实验项目类型				
				验证	演示	综合	设计	其他
指导教师	××	成绩						√

实验目的

(1) 了解单臂电桥测电阻的原理, 初步掌握直流单臂电桥的使用方法;

(2) 测量铜丝与热敏电阻的电阻温度系数;

(3) 学习用 Excel 作图法和直线拟合法处理数据

实验原理

1. 平衡电桥中的单臂电桥(惠斯登电桥 Wheatstone bridge)的测量原理

惠斯登电桥的测量原理如图所示, 电阻 R_1、R_2、R_3、R_x 连成一个封闭的四边形 $ABCD$ 构成一电桥, 四边形的每一条边称为"臂", 其对角 B、D 分别与检流计 G 连接, 称为"桥", 其对角 A、C 分别与直流电源 E 正、负极连接, 当电桥平衡时, B、D 两点电位相等, 无电流通过检流计 G, 此时有 $V_B = V_D$, $I_1 = I_x$, $I_2 = I_3$, 由此可得

$$I_1 R_1 = I_2 R_2$$

$$I_3 R_3 = I_x R_x$$

于是有 $R_1/R_x = R_2/R_3$

R_x 为待测电阻, R_3 为标准比较电阻, 则有 $R_x =$

$\dfrac{R_1}{R_2} R_3 = c R_3$,

式中 $c = \dfrac{R_1}{R_2}$, 称为比率臂。单臂电桥的比率臂 c

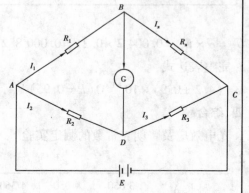

一般为 $\times 10^{-3}$, $\times 10^{-2}$, $\times 10^{-1}$, $\times 1$, $\times 10$, $\times 10^2$, $\times 10^3$ 7 挡。根据 R_x 的标称电阻值选择

c, 调节 R_3 使电桥平衡, 就可知道待测电阻 R_x 的电阻值。

2. 铜丝的电阻温度系数

任何物体的电阻都与温度有关。多数金属的电阻随温度升高而增大, 有如下关系式:

$R_t = R_0(1 + \alpha t)$, 式中, R_t、R_0 分别是 t ℃、0 ℃时金属的电阻值; α 是电阻温度系数, 严格地讲, α 一般与温度有关, 但对本实验所用的纯铜材料来说, 在 $-50 \sim 100$ ℃内变化很小, 可当作常数。

3. 热敏电阻的电阻温度系数

热敏电阻由半导体材料制成,是一种敏感元件。其特点是在一定的温度范围内,它的电阻率随温度 T 的变化而显著地变化,因而能直接将温度的变化转换为电量的变化。一般半导体热敏电阻随温度升高电阻率下降,称为负温度系数热敏电阻,其电阻值 R 随热力学温度 T 的关系为 $R_T = R_0 e^{\beta/T}$,式中 R_0 与 β 为常数,由材料的物理性质决定。

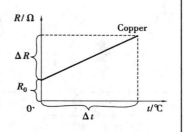

对上式两边取对数,可得

$$\ln R_T = \ln R_0 + \beta \frac{1}{T}$$

设 $\ln R_T \sim y, \dfrac{1}{T} \sim x$,则有直线方程 $y = kx + b$

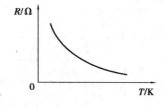

4. 用两台直流电桥在同一温度点分别测量铜电阻、热敏电阻

用两台直流电桥在同一温度点分别测量铜电阻、热敏电阻的方法就是将待测的铜电阻、热敏电阻同装在一个盛有水的保温容器内,用两根导线将待测的铜电阻连接在一台直流电桥的面板上标记"R_x"的两个接线柱上;用两根导线将待测的热敏电阻连接在另一台直流电桥的面板上标记"R_x"的两个接线柱上。然后确定检测盛有水的保温容器的温度区域,保温容器内的温度升高至大约所需温度值,断电停止给保温容器加热升温,两个同学各操作一台直流电桥,调其电桥平衡,从温度计上读出此时保温容器内的水的温度及两台直流电桥分别测出此时的铜电阻、热敏电阻的电阻值,就这样在确定的温度区域,按此方法测出若干组保温容器内水的温度及其温度对应的铜电阻、热敏电阻的电阻值。

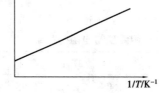

实验仪器

QJ24 型携带式直流单臂电桥 1 台

待测铜丝和热敏电阻各 1 个

加热保温容器 1 个

温度计 1 支

换接开关 1 个

实验步骤

1)将钢丝电阻和热敏电阻放入装有冷水的加热保温容器内,并将它们的两端接在换接开关上。先用万用表分别估测它在冷水中的阻值,再根据此值,适当选用电桥的比率,精确测定它们的阻值,同时记下冷水的温度。

2)将加热器接通电源,当其温度比冷水高 5 ℃时,断开加热器电源,搅拌,调 R_3 使电桥平衡(电桥的平衡状态是指检流计没有电流流过,测量时应使电路时通时断的方式判断,如果电桥真正平衡,那每次通断 G_0 时指针都不会动)。先读出温度值,再读出 R_3 值。拨动换接开关,分别测出铜丝电阻(比率臂 0.01)和热敏电阻(比率臂 1)的相应阻值(注意观察温度有无变化),并记录下来。

3)分别测出水温和铜丝电阻,热敏电阻的电阻值,一直升温到 50 ℃左右,数据不得少于五组。

附录 3 实验原始数据记录

×× 系 ×× 专业、班级 ××		姓名:××	学号:××××××××

实验名称:用直流电桥测量电阻温度系数

实验仪器

仪器名称	量 程	最小量	估读误差	仪器误差	零位误差
QJ24 型携带式直流单臂电桥 ×1/Ω	1 K ~ 11.1 K	1	1		
QJ24 型携带式直流单臂电桥 ×0.01/Ω	10 ~ 111.1	0.01	0.01		
温度计/℃	0 ~ 100	1	0.5		

物理现象及数据记录

1. 铜电阻温度与电阻的关系

t/℃	22.2	27.1	32.3	37.2	42.0	47.9	52.2	57.1	62.2	66.8
R/Ω	21.09	21.52	21.95	22.35	22.71	23.23	23.55	23.96	24.36	24.78

2. 热敏电阻温度与电阻的关系

t/℃	22.2	27.1	32.3	37.2	42.0	47.9
R_T/Ω	3 782	2 466	2 057	1 684	1 389	1 150

指导教师:××

附录4　实验报告样本

<u>××</u>　学院　<u>2012</u>　级　<u>××</u>　专业　<u>××</u>　班　姓名<u>××</u>学号<u>×××××××</u>

开课学院　<u>物理学院</u>　实验室　<u>DS1322</u>　实验时间：　<u>××××</u>　年　<u>××</u>　月　<u>××</u>　日

课程名称	大学物理实验	实验项目	用直流电桥测量电阻温度系数	实验项目类型				
				验证	演示	综合	设计	其他
指导教师	××	成绩						√

实验目的

(1)了解单臂电桥测电阻的原理,初步掌握直流单臂电桥的使用方法

(2)测量铜丝与热敏电阻的电阻温度系数

(3)学习用 Excel 作图法和直线拟合法处理数据

实验原理

1. 平衡电桥中的单臂电桥(惠斯登电桥 Wheatstone bridge)的测量原理

惠斯登电桥的测量原理如图所示,电阻 R_1、R_2、R_3、R_x 连成一个封闭的四边形 $ABCD$ 构成一电桥,四边形的每一条边称为"臂",其对角 B、D 分别与检流计 G 连接,称为"桥",其对角 A、C 分别与直流电源 E 正、负极连接,当电桥平衡时,B、D 两点电位相等,无电流通过检流计 G,此时有 $V_B = V_D$,$I_1 = I_D$,$I_2 = I_3$,由此可得:

$$I_1 R_1 = I_2 R_2$$

$$I_3 R_3 = I_x R_x$$

于是有 $R_1/R_x = R_2/R_3$

R_x 为待测电阻,R_3 为标准比较电阻,则有 $R_x =$

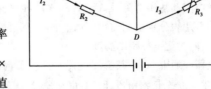

$\dfrac{R_1}{R_2} R_3 = cR_3$

式中,$c = \dfrac{R_1}{R_2}$,称为比率臂。单臂电桥的比率

臂 c 一般为 $\times 10^{-3}$, $\times 10^{-2}$, $\times 10^{-1}$, $\times 1$, $\times 10$, $\times 10^2$, $\times 10^3$ 7 挡。根据 R_x 的标称电阻值

选择 c,调节 R_3 使电桥平衡,就可知道待测电阻 R_x 的电阻值。

2. 用两台直流电桥在同一温度点分别测量铜电阻、热敏电阻

用两台直流电桥在同一温度点分别测量铜电阻、热敏电阻的方法就是将待测的铜电阻、热敏电阻同装在一个盛有水的保温容器内,用两根导线将待测的铜电阻连接在一台直流电桥的面板上标记"R_x"的两个接线柱上;用两根导线将待测的热敏电阻连接在另一台直流电桥的面板上标记"R_x"的两个接线柱上。然后确定检测盛有水的保温容器的温度区域,保温容器内的温度升高至大约所需温度值,断电停止给保温容器加热升温,两个同学各操作一台直流电桥,调其电桥平衡,从温度计上读出此时保温容器内的水的温度及两台直流电桥分别测出此时的铜电阻、热敏电阻的电阻值,就这样在确定的温度区域,按此方法测出若干组保温容器内

水的温度及其温度对应的铜电阻、热敏电阻的电阻值。

a. 作铜电阻的 R-t 图,根据图线直线斜率 $k = R_0\alpha$ 和截距 R_0,代入 $R_t = R_0(1 + \alpha t)$,就可求出铜电阻的温度系数 α。

b. 作热敏电阻 $\ln R_t$-$1/T$ 图,根据图线求出直线斜率 β 和截距 $\ln R_0$,由此曲线可说明热敏电阻的温度特性。

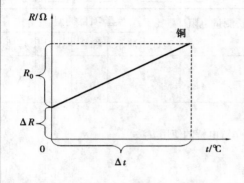 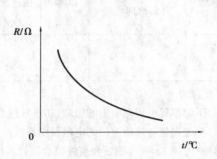

实验仪器

仪器名称	量　程	最小量	估读误差	仪器误差	零位误差
QJ24 型携带式直流单臂电桥 ×1/Ω	1 ~11.1 K	1	1		
QJ24 型携带式直流单臂电桥 ×0.01/Ω	10 ~111.1	0.01	0.01		
温度计/℃	0 ~100	1	0.5		

实验步骤:

①将钢丝电阻和热敏电阻放入装有冷水的加热保温容器内,并将它们的两端接在换接开关上。先用万用表分别估测它在冷水中的阻值,再根据此值,适当选用电桥的比率,精确测定它们的阻值,同时记下冷水的温度。

②将加热器接通电源,当其温度比冷水高 5 ℃时,断开加热器电源,搅拌,调 R_3 使电桥平衡(电桥的平衡状态是指检流计没有电流流过,测量时应使电路时通时断的方式判断,如果电桥真正平衡,那每次通断 G_0 时指针都不会动)。先读出温度值,再读出 R_3 值。拨动换接开关,分别测出铜丝电阻(比率臂 0.01)和热敏电阻(比率臂 1)的相应阻值(注意观察温度有无变化),并记录下来。

③分别测出水温和铜丝电阻,热敏电阻的电阻值,一直升温到 50 ℃左右,数据不得少于五组。记录表格自拟。

测量时要注意:

①当温度计读数升高 5 ℃时,调电阻使电桥平衡这个过程温度将发生变化,如何处理?

关掉加热电阻丝,当电桥平衡时先读出温度值,如电阻还有变化应尽快调平衡读数。

②测量时电流表右偏说明 R_3 偏小然后调:10^3 挡→10^2 挡→10^1 挡,依次增大。电流表左偏说明 R_3 偏大调 10^3 挡→10^2 挡→10^1 挡,依次减小。

实验记录:

1. 铜电阻温度与电阻的关系

$t/℃$	22.2	27.1	32.3	37.2	42.0	47.9	52.2	57.1	62.2	66.8
$R/Ω$	21.09	21.52	21.95	22.35	22.71	23.23	23.55	23.96	24.36	24.78

2. 热敏电阻温度与电阻的关系

$t/℃$	22.2	27.1	32.3	37.2	42.0	47.9
$R_T/Ω$	3 782	2 466	2 057	1 684	1 389	1 150

数据处理:

①用 Excel 软件处理铜丝电阻的温度系数的实验数据,通过拟合直线得到直线方程和相关系数。铜丝电阻的阻值会随着温度增加而增加,一般情况下:

$$R_1 = R_0(1 + \alpha t) = R_0 + R_0 \alpha t$$

式中　R_0——常数;

　　　α——电阻的温度系数,也是常数。

　　设 $y = R_0, x = t, b = R_0, k = R_{0\alpha}$,则有 $y = kx + b$,这是一个直线方程,通过直线拟合可以得到 k, b 的大小,即可得出温度系数 α。

实验数据如下:

$t/℃$	22.2	27.1	32.3	37.2	42.0	47.9	52.2	57.1	62.2	66.8
$R/Ω$	21.09	21.52	21.95	22.35	22.71	23.23	23.55	23.96	24.36	24.78

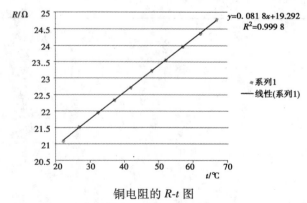

铜电阻的 R-t 图

铜电阻的温度系数:$\alpha = R_0/k = 4.24 \times 10^{-3}(1/℃)$

②Excel 软件处理热敏电阻的温度系数的实验数据

作热敏电阻 $\ln R_t$ - $1/T$ 图,根据图线求出直线斜率 β 和截距 $\ln R_0$,由此曲线可说明热敏电阻的温度特性。

$t/℃$	22.2	27.1	32.3	37.2	42.0	47.9
T/K	295.35	300.25	305.45	310.35	315.15	321.05
$1/T/(10^{-3}\cdot K^{-1})$	3.39	3.33	3.27	3.22	3.17	3.11
R_T/Ω	3 782	2 466	2 057	1 684	1 389	1 150
$\ln R_T/\ln$	8.24	7.81	7.63	7.43	7.24	7.05

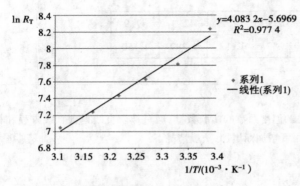

热敏电阻的 $\ln R_t$ - $1/T$ 图

热敏电阻的电阻与温度之间的关系式:$R_T = R_0 e^{\frac{\beta}{T}} = e^{-5.696\,9} e^{4.083\,2 \times 10^3/T}$

讨论:

实验主要的误差存在于系统平衡态不好确定这方面,实验中要求在测量温度和电阻时铜丝及其所处的环境必须是平衡状态,这一点很难通过人工调节达到,因此实验中的这部分误差是很难消除的。测量中的偶然误差,可以通过多次测量取平均值的方法来消除。利用直线拟和的方式,可以减小实验误差,使测量值较为精确。

附录5　操作考试评分标准样本

操作考试教师评分表

实验名称:固体材料杨氏模量的测量　　　　考试时间:第　　周,星期　　,第　　节

学生所在专业、班级:　　　　　　　　　　主考教师:

序号	姓名	粗　调		调　焦	视　场		操作规范性		数据检查		总分
		正确调整平面镜(1分)	正确调整望远镜(1分)	正确调整目镜和物镜(1分)	清晰度明亮度(1分)	初始标尺像状态(1分)	砝码添加(分)	是否整理仪器(1分)	读数规范(1分)	数据可靠性(2分)	

说明:正确调整平面镜:镜面是垂直于水平面,前两足是否落入凹槽内,第三足是否落在小平台面,是否落入小孔或缝隙,是否碰触钢丝。

正确调整望远镜:望远镜是否大致与平面镜水平等高,光轴是否水平。

正确调整目镜和物镜:叉丝线是否水平,与标尺像是否有明显视差。

清晰度明亮度:上下左右清晰度是否一致,在无辅助光照条件下是否有调节方面因素导致视场亮度的不足。

初始标尺像状态:标尺像是否落在3条水平叉丝线上,刻度线是否与叉丝线平行,初始中线刻度是否与望远镜轴线大致等高。

砝码添加:是否交错方向添加,是否有摆动,扭转和上下振动。

是否整理仪器:砝码取下剩两个,镜头盖,各种物件是否收拾,千分尺是否留有缝隙。

读数规范:钢丝直径是否在不同部位沿不同方向测量,是否扣除零点误差。钢丝长度测量对应的起止点位置是否正确。光杠杆常数测量作图是否规范,测量的是否垂线长度。各个测得量有效数字和单位是否正确。

数据可靠性:检查各测得量结果是否有明显的错误和偏差,比如钢丝直径应在0.8 mm左右,光臂长度应在1.7 m以上,上下叉丝线读数应相对于x_0对称,逐差伸长量为9~15 mm,光杠杆常数为65~85 mm,钢丝长度应根据实际实验位置作估计判断或实测检验。

操作考试教师评分表

实验名称:单臂电桥测量电阻温度系数　　　　考试时间:第　　周,星期　　,第　　节

学生所在专业、班级:　　　　　　　　　　主考教师:

序号	姓名	操作规范性		比率臂选取		调　试		正确读数		总分
		断点连线正确(1分)	实验结束关电源整理仪器(1分)	铜丝电阻选择正确的比率臂(1.5分)	热敏电阻选择正确的比率臂(1.5分)	电阻挡由大到小正确调节电桥平衡(2分)	跃接法判断电桥平衡(1分)	均匀搅拌(1分)	温度和电阻读取尽量同时(1分)	

操作考试教师评分表

实验名称:电子示波器的使用   考试时间:第   周,星期   ,第   节
学生所在专业、班级: 主考教师:

序号	姓名	操作规范性		电压测试		频率调试		正确连接 R-C 电路		定标、调出波形、读数		总分
		电源是否联好、光点是否调出(1分)	实验结束是否关电源整理仪器(1分)	调出输入信号竖直线(1分)	读出电压数(1分)	调出完整波形(1分)	正确读取频率值(1分)	操作方法正确(1分)	正确读取数据(1分)	正确调出两个信号的波形(1分)	正确读相位差值(1分)	